高等职业教育系列教材

数控铣削编程与加工

主　编　王　亮
副主编　许玲萍　王　萍
参　编　邢　勤　高　峰
主　审　穆国岩

机械工业出版社

本书采用项目教学的方式组织内容，全书分为7个项目，涵盖了FANUC系统数控铣床/加工中心的基本操作，平面零件、平面圆弧零件、外轮廓零件、内轮廓零件、孔类零件、复杂零件等常见类型零件的编程与加工，以及CAXA自动编程等内容。

本书以基于工作过程的思路编排，突出实践技能的培养，配套了任务工作页，任务实施采用表格形式分步展开，以学生操作为主，教师指导为辅，实现教、学、做一体化的教学模式。本书对接数控车铣加工职业技能等级标准，融入"1+X"评价体系；注重工匠精神的培养，融入职业素养元素；配套在线开放课程等数字资源，体现"互联网+"新形态一体化教材理念。

本书可作为高等职业院校数控技术、机械制造及自动化和机电一体化技术等机电类专业的教材，也可供相关工程技术人员学习和参考。

本书配有动画、视频等资源，可扫描书中二维码直接观看；还配有电子课件、习题答案等资料，需要的教师可登录机械工业出版社教育服务网www.cmpedu.com 免费注册后下载，或联系编辑索取（微信：13261377872，电话：010-88379739）。

图书在版编目（CIP）数据

数控铣削编程与加工/王亮主编. —北京：机械工业出版社，2022.8
（2025.1重印）
高等职业教育系列教材
ISBN 978-7-111-70962-6

Ⅰ.①数… Ⅱ.①王… Ⅲ.①数控机床-铣床-程序设计-高等职业教育-教材②数控机床-铣床-金属切削-高等职业教育-教材 Ⅳ.①TG547

中国版本图书馆CIP数据核字（2022）第097379号

机械工业出版社（北京市百万庄大街22号 邮政编码100037）
策划编辑：曹帅鹏 责任编辑：曹帅鹏
责任校对：梁 静 王明欣 责任印制：张 博
北京建宏印刷有限公司印刷
2025年1月第1版第6次印刷
184mm×260mm・13.5印张・324千字
标准书号：ISBN 978-7-111-70962-6
定价：55.00元

电话服务 网络服务

客服电话：010-88361066 机 工 官 网：www.cmpbook.com
　　　　　010-88379833 机 工 官 博：weibo.com/cmp1952
　　　　　010-68326294 金 书 网：www.golden-book.com
封底无防伪标均为盗版 机工教育服务网：www.cmpedu.com

前　言

党的二十大报告对于"实施科教兴国战略，强化现代化建设人才支撑"进行了详细丰富、深刻完整的论述。职业教育与经济社会发展紧密相连，对促进就业创业、助力科技创新、增进人民福祉具有重要意义。

本书以数控技术、机械制造及自动化等专业的人才培养为目标，以"数控编程与加工"课程标准以及数控车铣加工职业技能等级标准为依据，遵循学生职业能力培养的基本规律，按照数控领域工作岗位能力需求设置教材内容。教材依据"以应用为目的，以必需、够用为度"的原则，以加工零件为主要载体，把理论知识、实践技能与实际应用结合在一起，以工作过程为导向，突出实训技能培养，力求从实际应用的需求出发，将理论知识与数控编程、数控仿真加工以及数控机床操作等实践技能有机地融为一体。

本书分为7个项目，系统地介绍了数控铣床/加工中心（FANUC系统）编程与加工的相关知识，包含手工编程和CAXA自动编程，主要特点如下。

(1) 基于工作过程的思路编排，注重实践教学。教材配有任务工作页，每个项目包含若干个工作任务，以任务为中心，从任务描述、任务目标、引导问题、任务实施、总结反思、项目评价、巩固练习等环节展开，任务实施采用表格形式分步进行，以学生操作为主，教师指导为辅，实现教、学、做一体化的教学模式。

(2) 对接数控车铣加工职业技能等级标准，参考"数控车铣加工职业技能等级（中级）"要求，提炼学习目标和任务内容，设计"1+X"课证融通评价体系。

(3) 配套在线开放课程"数控铣削编程与加工"，动画、视频、课件等数字资源丰富，体现"互联网+"新形态一体化教材理念，适用于混合式教学。

(4) 以科技报国的家国情怀和精益求精的大国工匠精神为主线，融入职业素养元素，体现"立德树人"的教育理念。

本书由烟台职业学院王亮任主编并统稿，许玲萍、王萍任副主编，邢勤、高峰参与编写，并由山东省教学名师、山东省职业教育名师工作室主持人穆国岩教授担任主审。其中，项目1、2、5由王亮编写，项目3由邢勤编写，项目4由许玲萍编写，项目6由王萍编写，项目7由高峰编写。同时，来自烟台海德智能装备有限公司的刘蓉蓉工程师也对本书提出了很多宝贵的建议，在此表示感谢。

在本书编写过程中，编者查阅和参考了相关文献资料，在此对参考文献的作者表示衷心感谢！由于编者水平有限，书中难免有不妥之处，恳请读者批评和指正。

为方便学习，选用本书的读者可登录在线开放课程网站同步观看线上课程，网址为https：//mooc.icve.com.cn/course.html？cid=SKXYT300732。

编　者

目 录

前言
项目 1　数控铣床的基本操作 …………… 1
任务 1.1　认识数控铣床 …………………… 1
1.1.1　数控铣床的基本组成 ……………… 1
1.1.2　数控铣床的类型 …………………… 1
1.1.3　数控铣削加工的主要对象 ………… 2
1.1.4　数控加工的基本过程 ……………… 4
1.1.5　数控编程的方法 …………………… 4
任务 1.2　认识数控铣床的坐标系统 ……… 5
1.2.1　机床坐标系及坐标轴 ……………… 5
1.2.2　机床坐标轴的运动方向 …………… 5
1.2.3　机床原点与机床参考点 …………… 6
1.2.4　工件坐标系与工件原点 …………… 7
1.2.5　对刀 ………………………………… 7
任务 1.3　认识刀具系统 …………………… 8
1.3.1　数控铣床常用的几种刀具 ………… 8
1.3.2　刀具材料 …………………………… 9
1.3.3　刀具的选用 ………………………… 9
1.3.4　数控铣床的刀柄系统 ……………… 9
1.3.5　刀具的装夹 ………………………… 10
任务 1.4　数控铣床的安全操作与维护保养 ……………………………… 11
1.4.1　认识数控铣床操作面板 …………… 11
1.4.2　数控铣床的基本操作 ……………… 14
1.4.3　数控铣床的安全操作规程 ………… 15
1.4.4　数控铣床的日常维护 ……………… 16
拓展提升 …………………………………… 16

项目 2　平面零件的编程与加工 ………… 17
任务 2.1　平面零件的工艺制定 …………… 17
2.1.1　数控铣削的加工方式 ……………… 17
2.1.2　加工工序的划分 …………………… 19
2.1.3　铣削用量的选择 …………………… 19
2.1.4　平面铣削常用刀具 ………………… 21
2.1.5　平面铣削刀具进给路线 …………… 21

任务 2.2　平面零件的程序编制 …………… 22
2.2.1　程序组成及程序段的格式 ………… 22
2.2.2　FANUC 0i 系统指令代码简介 …… 23
2.2.3　基本 G 指令 ………………………… 26
任务 2.3　平面零件的仿真加工 …………… 28
2.3.1　仿真软件的基本操作 ……………… 28
2.3.2　对刀操作 …………………………… 28
2.3.3　数控程序的输入与编辑 …………… 28
2.3.4　零件的自动加工 …………………… 29
任务 2.4　平面零件的实操加工 …………… 29
2.4.1　MDI 模式的操作 …………………… 29
2.4.2　试切法对刀 ………………………… 29
2.4.3　自动加工时的操作 ………………… 30
拓展提升 …………………………………… 30

项目 3　平面圆弧零件的编程与仿真 …… 31
任务 3.1　平面圆弧零件的工艺制定 ……… 31
3.1.1　球头刀的使用 ……………………… 31
3.1.2　下刀过程的确定 …………………… 31
任务 3.2　平面圆弧零件的程序编制 ……… 32
3.2.1　坐标平面选择指令 G17/G18/G19 …………………………………… 32
3.2.2　圆弧插补指令 G02/G03 …………… 32
任务 3.3　平面圆弧零件的仿真加工 ……… 34
3.3.1　数控程序的导入 …………………… 34
3.3.2　运行轨迹检查 ……………………… 34
3.3.3　运行程序时显示画面的切换 ……… 34
3.3.4　剖面图测量 ………………………… 35
3.3.5　球头刀的对刀问题 ………………… 36
拓展提升 …………………………………… 36

项目 4　外轮廓零件的编程与加工 ……… 37
任务 4.1　外轮廓零件的工艺制定 ………… 37
4.1.1　外轮廓零件铣削常用刀具 ………… 37
4.1.2　铣削外轮廓零件的进、退刀路线选择 …………………………………… 37
4.1.3　残料的清除方法 …………………… 38

任务 4.2　外轮廓零件的程序编制 …………… 39
　4.2.1　刀具半径补偿指令 G40/G41/
　　　　　G42 ……………………………… 39
　4.2.2　极坐标编程 ……………………… 44
任务 4.3　外轮廓零件的仿真加工 …………… 45
　4.3.1　数控程序管理 …………………… 45
　4.3.2　中断运行 ………………………… 46
　4.3.3　自动单段运行 …………………… 46
　4.3.4　刀具半径补偿参数的设定 ……… 46
任务 4.4　外轮廓零件的实操加工 …………… 46
　4.4.1　加工过程中切削参数的调整 …… 46
　4.4.2　修正零件尺寸的方法 …………… 47
拓展提升 …………………………………………… 47

项目 5　内轮廓零件的编程与加工 ………… 48
任务 5.1　内轮廓零件的工艺制定 …………… 48
　5.1.1　内轮廓零件铣削常用刀具 ……… 48
　5.1.2　内轮廓零件铣削的下刀方式 …… 48
　5.1.3　铣削内轮廓零件的进、退刀路线
　　　　　选择 ……………………………… 49
　5.1.4　型腔铣削的进给路线 …………… 49
任务 5.2　内轮廓零件的程序编制 …………… 50
　5.2.1　轮廓倒角和倒圆 ………………… 50
　5.2.2　子程序的应用 …………………… 51
　5.2.3　可编程镜像指令 G51/G50 ……… 54
　5.2.4　坐标系旋转指令 G68/G69 ……… 55
　5.2.5　局部坐标系指令 G52 …………… 57
任务 5.3　内轮廓零件的仿真加工 …………… 57
　5.3.1　多把刀对刀的问题 ……………… 57
　5.3.2　数控程序的导出 ………………… 57
　5.3.3　保存项目文件 …………………… 58
任务 5.4　内轮廓零件的实操加工 …………… 58
　5.4.1　寻边器 …………………………… 58
　5.4.2　Z 轴设定器 ……………………… 59
拓展提升 …………………………………………… 59

项目 6　孔类零件的编程与加工 …………… 60
任务 6.1　孔类零件的工艺制定 ……………… 60
　6.1.1　孔加工常用刀具 ………………… 60
　6.1.2　孔加工切削参数的确定 ………… 61
　6.1.3　孔加工路线的确定 ……………… 62
　6.1.4　加工中心 ………………………… 62
任务 6.2　孔类零件的程序编制 ……………… 63
　6.2.1　返回参考点指令 G28 …………… 63
　6.2.2　换刀指令 M06 …………………… 64
　6.2.3　刀具长度补偿功能 G43/G44/
　　　　　G49 ……………………………… 64
　6.2.4　孔加工固定循环指令 …………… 66
任务 6.3　孔类零件的仿真加工 ……………… 71
　6.3.1　加工中心的基本操作 …………… 71
　6.3.2　刀具在刀库及主轴上的安装 …… 71
任务 6.4　孔类零件的实操加工 ……………… 72
拓展提升 …………………………………………… 73

项目 7　复杂零件的编程与仿真 …………… 74
任务 7.1　复杂零件的工艺制定 ……………… 74
　7.1.1　复杂零件加工刀具的选择 ……… 74
　7.1.2　曲面轮廓的加工方法 …………… 75
　7.1.3　曲面加工路线的确定 …………… 75
任务 7.2　复杂零件的变量编程 ……………… 76
　7.2.1　用户宏程序概述 ………………… 76
　7.2.2　变量的相关知识 ………………… 76
　7.2.3　变量运算 ………………………… 77
　7.2.4　控制语句 ………………………… 78
任务 7.3　复杂零件的自动编程 ……………… 81
　7.3.1　CAXA 制造工程师软件介绍 …… 81
　7.3.2　线架构建 ………………………… 81
　7.3.3　实体造型 ………………………… 81
　7.3.4　自动编程 ………………………… 83
拓展提升 …………………………………………… 83

参考文献 ……………………………………… 85

项目 1

数控铣床的基本操作

任务 1.1 认识数控铣床

1.1.1 数控铣床的基本组成

数控铣床是主要以铣削方式进行零件加工的一种数控机床，同时还兼有钻削、镗削、铰削、螺纹加工等功能，因此在企业中得到了广泛使用，如图 1-1 所示为常用的立式数控铣床。数控铣床主要由机床本体、数控系统、主传动系统、进给伺服系统及辅助装置等部分构成。

机床本体属于数控铣床的机械部件，主要包括床身、工作台、立柱及进给机构等。

数控系统是数控铣床的控制核心，主要用来接收并处理输入装置传送来的数字程序信息，并将各种指令信息输出到伺服驱动装置，使设备按规定的动作执行。

主传动系统控制主轴的起动、停止等动作以及转速调节，进而驱动主轴上的刀具进行切削。

图 1-1 数控铣床

进给伺服系统由伺服电动机和进给执行机构组成，能够按照程序设定的进给速度实现刀具和工件之间的相对运动。

辅助装置主要指数控铣床的一些配套部件，如液压装置、气动装置、冷却装置及排屑装置等。

1.1.2 数控铣床的类型

按照机床结构特点及主轴布置形式的不同，可将数控铣床分为立式数控铣床、卧式数控铣床、龙门式数控铣床和多轴数控铣床等。

（1）立式数控铣床　立式数控铣床的主轴轴线垂直于机床工作台，如图 1-2 所示。其结构形式多为固定立柱，工作台为长方形。一般工作台不升降，主轴箱做上下运动。立式数控铣床一般具有 X、Y、Z 三个直线运动的坐标轴，适合加工盘、套和板类零件。立式数控铣床操作简单，工件装夹方便，加工时便于观察，但受立柱高度的限制，不能加工太高的零件，而且在加工型腔或下凹的型面时，切屑不易排出，严重时会损坏刀具，破坏已加工表面，影响加工的顺利进行。

（2）卧式数控铣床　卧式数控铣床的主轴轴线平行于水平面，如图 1-3 所示。其通常配有自动分度的回转工作台，以扩大加工范围和扩充功能。卧式数控铣床一般具有 3~5 个坐标轴，常见的是三个直线运动坐标轴加一个回转运动坐标轴。工件一次装夹后，可以完成除安装面和顶面以外的其余四个侧面的加工，因此，卧式数控铣床最适合加工箱体类零件。卧式数控铣床的主轴与机床工作台平行，与立式数控铣床相比较，其优点是排屑顺畅，有利于加工，但加工时不便于观察。

图 1-2　立式数控铣床

图 1-3　卧式数控铣床

（3）龙门式数控铣床　龙门式数控铣床具有双立柱结构，主轴多为垂直设置，如图 1-4 所示。这种结构形式进一步增强了机床的刚性，数控装置的功能也较齐全，能够一机多用，尤其适合加工大型工件或形状复杂的工件，如大型汽车覆盖件模具零件、汽轮机配件等。

（4）多轴数控铣床/加工中心　联动轴数在三轴以上的数控机床称为多轴数控机床，也称为加工中心。常见的多轴数控铣床有四轴四联动、五轴四联动、五轴五联动等类型，如图 1-5 所示。在多轴数控铣床上，工件一次装夹后，能实现除安装面以外的其余五个面的加工，零件加工精度进一步提高。

1.1.3　数控铣削加工的主要对象

数控铣床以加工零件的平面、曲面为主，此外还能加工孔、内圆柱面和螺纹面等。铣削加工可使各个加工表面获得很高的形状及位置精度。

从零件类型上来说，数控铣床主要能加工以下四类零件。

1. 平面类零件

被加工表面平行、垂直于水平面或加工面与水平面的夹角为定角的零件称为平面类零件。这类零件的被加工表面是平面或可以展开成平面。

图 1-4　龙门式数控铣床

图 1-5　五轴加工中心

对于垂直于坐标轴的平面，其加工方法与普通铣床的加工方法一样。当加工斜面时可采用以下方法。

（1）将斜面垫平加工　在零件不大或零件容易装夹的情况下采用这种方法。

（2）用行切法加工　如图 1-6 所示，行切法会留有行与行之间的残留余量，最后需要由钳工修锉平整。飞机上的整体壁板零件经常用该方法加工。

（3）用五轴数控铣床的主轴摆角加工　该方法没有残留余量，加工效果最好，如图 1-7 所示。

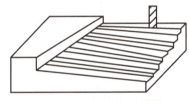

图 1-6　行切法加工斜面

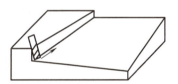

图 1-7　主轴摆角加工斜面

2. 变斜角类零件

被加工表面与水平面夹角呈连续变化的零件称为变斜角类零件。变斜角类零件的被加工表面不能展成平面，在加工过程中被加工表面与铣刀的圆周母线瞬间接触。对曲率变化较小的变斜角面，一般采用 X、Y、Z 和 A 四轴联动的数控铣床加工；对曲率变化较大的变斜角面，一般用 X、Y、Z 和 A、B 五轴联动的数控铣床加工。此外，也可以用鼓形铣刀采用三坐标方式铣削加工，所留刀痕由钳工修锉抛光去除，如图 1-8 所示。

3. 曲面类零件

被加工表面为空间曲面的零件称为曲面类零件。曲面类零件的被加工表面不能展开为平面，铣削加工时，被加工表面与铣刀始终是点对点接触。当采用三坐标数控铣床加工时，一般用球头铣刀采用行切法进行铣削加工。当曲面较复杂、通道较窄、会伤及相邻表面或需刀具摆动时，要采用四轴或五轴联动铣床加工，如图 1-9 所示。

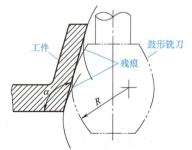

图 1-8　用鼓形铣刀分层铣削变斜角面

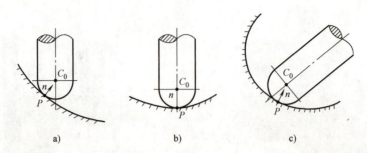

图 1-9 球头铣刀加工曲面零件

a) 斜侧点铣削零件 b) 顶点铣削零件 c) 五轴铣床加工零件

4. 孔类零件

孔类零件上常有多组不同类型的孔，如通孔、不通孔、螺纹孔、台阶孔以及深孔等。在数控铣床上加工的通常是孔的位置要求较高的零件，如圆周分布孔、行列均布孔等，一般采用钻孔、扩孔、铰孔、镗孔、锪孔以及攻螺纹的加工方法。

1.1.4 数控加工的基本过程

在数控机床上加工零件所涉及的范围比较广，基本过程如图 1-10 所示。

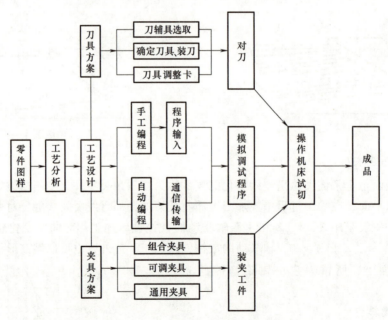

图 1-10 数控机床加工过程框图

1.1.5 数控编程的方法

根据问题的复杂程度不同，数控加工程序的编制有手工编程和自动编程之分。

1. 手工编程

手工编程是指零件图样分析、工艺处理、数值计算、编写程序和程序校验等环节均由人工完成。对于形状简单、计算量小、程序不多的零件,采用手工编程较容易,经济性和效率都较高。因此,在点位加工或由直线与圆弧组成的轮廓加工中,手工编程仍广泛使用。

手工编程应遵循两"短"原则:一是零件加工程序要尽可能短,即尽量使用简化指令编程,包括省略模态代码、省略不变的尺寸数字以及用循环指令编程等;二是零件加工路线要尽可能短,包括合理选择切削用量和进给路线,从而提高生产效率。

2. 自动编程

自动编程即计算机辅助编程,是指利用通用的计算机及专用的自动编程软件,以人机对话方式确定加工对象和加工条件,自动进行运算并生成指令的编程过程。

典型的自动编程软件有 UG NX、Mastercam、CAXA 等。自动编程适用于曲线轮廓、三维曲面等复杂型面的加工。与手工编程相比,自动编程解决了手工编程难以处理的复杂零件的编程问题,既能减轻劳动强度、缩短编程时间,又可减少差错,使编程工作更简便。

任务 1.2　认识数控铣床的坐标系统

1.2.1　机床坐标系及坐标轴

1. 机床坐标系的定义

在数控机床上加工工件时,刀具与工件的相对运动是以数字的形式来体现的,因此必须建立相应的坐标系,才能明确刀具与工件的相对位置。为了确定机床的运动方向和移动距离,就要在机床上建立一个坐标系,该坐标系就叫机床坐标系,也叫标准坐标系。机床坐标系是确定工件位置和机床运动的基本坐标系,是机床固有的坐标系。

2. 机床坐标轴及相互关系

标准规定直线进给坐标轴用 X、Y、Z 表示,称为基本坐标轴。X、Y、Z 坐标轴的相互关系符合右手笛卡儿法则,如图 1-11 所示,右手大拇指、食指和中指保持相互垂直,拇指的指向为 X 轴的正方向,食指指向为 Y 轴的正方向,中指指向为 Z 轴的正方向。

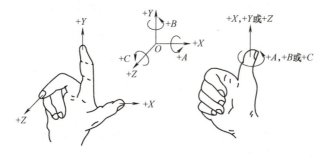

图 1-11　右手笛卡儿坐标系

围绕 X、Y、Z 轴旋转的圆周进给坐标轴分别用 A、B、C 表示,符合右手螺旋定则,分别以大拇指指向+X、+Y、+Z 方向,其余四指则分别指向+A、+B、+C 轴的旋转方向。

1.2.2　机床坐标轴的运动方向

数控机床的加工动作主要有刀具的动作和工件的动作两种类型,在确定数控机床坐标轴及其运动方向时，通常有以下规定：不论数控机床的具体结构是工件静止、刀具运动，还是刀具静止、工件运动，都假定为工件不动，刀具相对于静止的工件做运动，且把刀具远离工件的方向作为坐标轴的正方向。

机床坐标轴的方向取决于机床的类型和各组成部分的布局，对于数控铣床来说，其坐标系 X 轴、Y 轴、Z 轴的判定方法如下。

（1）先确定 Z 轴 通常把传递切削力的主轴定为 Z 轴，对于数控铣床，刀具转动的轴为 Z 轴，正向为刀具远离工件的方向，如图 1-12 所示。

（2）再确定 X 轴 X 轴一般平行于工件装夹表面且与 Z 轴垂直。对于立式数控铣床，站在工作台前，面对刀具主轴向立柱看，X 轴正向指向右，如图 1-12a 所示；对于卧式数控铣床，从刀具主轴向工件看（即从机床背面向工件看），X 轴正向指向右，如图 1-12b 所示。

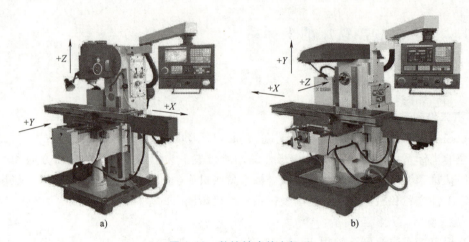

图 1-12 数控铣床的坐标系
a）立式数控铣床 b）卧式数控铣床

（3）最后确定 Y 轴 在确定了 X、Z 轴正方向后，根据右手笛卡儿法则确定 Y 轴及其正方向。

1.2.3 机床原点与机床参考点

1. 机床原点

机床原点又称为机械原点，是机床坐标系的原点。该点是机床上一个固定的点，其位置是由机床设计和制造单位确定的，通常不允许用户改变。机床原点是工件坐标系和机床参考点的基准点，也是制造和调整机床的基础。

数控铣床的机床原点一般设在各坐标轴的极限位置处，即各坐标轴的正向极限位置或负向极限位置。

2. 机床参考点

机床参考点也是机床上一个固定的点，它与机床原点之间有一确定的相对位置，其位置由机械挡块确定。机床参考点已由机床制造厂测定后输入数控系统，并且记录在机床说明书中，用户不得更改。

大多数数控机床上电时并不知道机床原点的位置，所以开机第一步总是先进行返回参考点（即所谓的机床回零）操作，使刀具或工作台退回到机床参考点。开机后先回参考点的目的就是为了建立机床坐标系，并确定机床坐标系原点的位置，即机床原点是通过机床参考点间接确定的。

当机床回零操作完成后，显示器即显示出机床参考点在机床坐标系中的坐标值，表明机床坐标系已自动建立。该坐标系一经建立，只要不断电，将永久保持不变。

机床参考点与机床原点的距离由系统参数设定，其值可以是零。如果其值为零，则表示机床参考点和机床原点重合，此时回零操作完成后，显示坐标值为（0，0，0）。也有些数控机床的机床原点与机床参考点不重合，此时回零操作完成后显示的坐标值是系统参数中设定的距离值。

1.2.4 工件坐标系与工件原点

1. 工件坐标系

机床坐标系的建立保证了刀具在机床上正确运动。但是，由于加工程序的编制通常是针对某一工件根据零件图样进行的，为便于编程，加工程序的坐标原点一般都与零件图样的尺寸基准相一致，因此，编程时还需要建立工件坐标系。

所谓工件坐标系，是由编程人员根据零件图样及加工工艺，以零件上某一固定点为原点建立的坐标系，又称为编程坐标系或工作坐标系。工件坐标系各坐标轴的方向与机床坐标系一致。

工件坐标系一般供编程使用，确定工件坐标系时不必考虑工件在机床上的实际装夹位置。工件坐标系一旦建立便一直有效，直到被新的工件坐标系所取代。

2. 工件原点

工件原点即工件坐标系的原点，其位置根据工件的特点人为设定，也称编程原点。工件坐标系的原点选择要尽量满足编程简单、尺寸换算少、引起的加工误差小等条件。在数控铣床上加工零件时，工件原点应选在零件的尺寸基准上，以便于坐标值的计算。

对于对称零件，一般以对称中心作为 XY 平面的工件原点；对于非对称零件，一般取进刀方向一侧零件外轮廓的某个垂直交角处作为工件原点，以便于计算坐标值；Z 轴方向的工件原点通常设在零件的上表面，并尽量选在精度较高的零件表面上，如图1-13所示。

 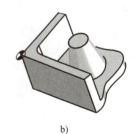

a)　　　　　　　　　b)

图1-13　工件原点的设置

a) 对称零件　b) 非对称零件

1.2.5 对刀

加工同一零件时，工件原点位置变了，程序段中的坐标尺寸也会随之改变，因此在编程时，应该首先确定工件原点在机床坐标系中的位置，即建立工件坐标系与机床坐标系之间的关系。工件原点的确定是通过对刀来完成的。

此外，在数控加工中，由于数控机床上装的每把刀的半径、长度尺寸和位置都不同，即各刀的刀位点都不重合,所以在工件坐标系确定后,还要确定刀位点在工件坐标系中的位置。所谓刀位点是指编制数控加工程序时用以表示刀具的特征点。例如,面铣刀、立铣刀和钻头的刀位点是其底面中心;球头铣刀的刀位点是球头球心。数控加工程序控制刀具的运动轨迹,实际上是控制刀位点的运动轨迹。

因此,当刀具装在机床上后,应在控制系统中设置刀具的基本位置,这一过程也是通过对刀来完成的。所谓对刀,是指通过刀具或对刀工具确定工件坐标系与机床坐标系之间的空间位置关系,并将对刀数据输入到相应的存储界面的过程。

任务1.3 认识刀具系统

1.3.1 数控铣床常用的几种刀具

数控铣床常用的刀具有面(端)铣刀、立铣刀、键槽铣刀、球头铣刀以及麻花钻等。

(1)面(端)铣刀 面铣刀适用于加工平面,尤其适合加工大面积的平面。主偏角为90°的面铣刀还能同时加工出与平面垂直的直角面。面铣刀的直径一般较大,为$\phi50 \sim \phi500$mm,如图1-14a所示。

(2)立铣刀 立铣刀是数控铣床上用得最多的一种刀具,主要用于加工沟槽、台阶面、平面和二维曲面。立铣刀通常由3~6个刀齿组成,如图1-14b所示。

(3)键槽铣刀 键槽铣刀一般只有两个刀齿,其端面刃延至中心,可以短距离地轴向进给,加工时先轴向进给达到槽深,然后沿键槽方向铣出键槽全长,如图1-14c所示。

(4)球头铣刀 球头铣刀(简称球头刀)的切削刃类似于球头,其切削刃通过铣刀轴心,既能横向进给也能轴向进给。球头铣刀广泛用于各种曲面、圆弧沟槽的加工,如图1-14d所示。

(5)麻花钻 麻花钻是数控铣床上常用的钻孔刀具,广泛用于孔的粗加工,也可作为不重要孔的最终加工。麻花钻的柄部有锥柄和直柄两种,如图1-14e、f所示。

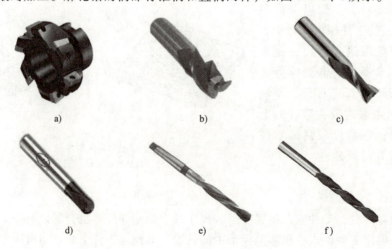

图1-14 数控铣床常用刀具

a)面铣刀 b)立铣刀 c)键槽铣刀 d)球头铣刀 e)锥柄麻花钻 f)直柄麻花钻

1.3.2 刀具材料

常用的数控刀具材料有高速钢、硬质合金、涂层硬质合金、陶瓷、立方氮化硼以及金刚石等。其中,高速钢、硬质合金材料应用最为广泛。

(1)高速钢(HSS) 高速钢工艺性好,锻造、加工和刃磨都比较容易,还可以制造形状较复杂的刀具。高速钢适用于制造切削速度一般的刀具,其刃口强度和韧性好,抗振性强。对于刚性较差的机床,采用高速钢铣刀,仍能顺利切削。与硬质合金材料相比,高速钢有硬度较低、热硬性和耐磨性较差等缺点。

(2)硬质合金 硬质合金硬度高、热硬性好、耐磨性好,切削时可选用比高速钢高4~7倍的切削速度,刀具寿命延长5~80倍,且常温硬度高,切削刃锋利、不易磨损,可切削50HRC左右的硬质材料;但其抗弯强度低、冲击韧性差、脆性大,难以制成形状复杂的整体刀具,因此常制成不同形状的刀片,采用焊接、黏接、机械夹持等方法安装在刀体上使用。

1.3.3 刀具的选用

通常根据加工表面的形状和尺寸选择刀具的种类及尺寸。例如,加工较大的平面应选择面铣刀;加工凸台、凹槽和平面曲线轮廓可选用高速钢立铣刀,但高速钢立铣刀不能加工毛坯面,因为毛坯面的硬化层和夹沙会使刀具很快磨损,硬质合金立铣刀可以加工毛坯面;加工空间曲面、模具型腔等多选用模具铣刀或鼓形铣刀;加工键槽用键槽铣刀;加工各种圆弧形的凹槽、斜角面、特殊孔等可选择成形铣刀。

一般铣刀的选择应遵循以下原则。
1)根据工件加工表面的特点和尺寸选择铣刀类型。
2)根据工件材料和加工要求选择刀具材料和尺寸。
3)根据加工条件选择刀柄。

1.3.4 数控铣床的刀柄系统

数控铣床的刀柄系统主要由刀柄、拉钉和夹头(或中间模块)三部分组成。

1. 刀柄

数控铣床使用的刀具通过刀柄和拉钉与机床主轴相连,刀柄夹持铣刀,通过拉钉紧固在主轴上,如图1-15所示。目前常用的刀柄有弹簧夹头刀柄、莫氏锥度刀柄和自紧式钻夹头刀柄等。

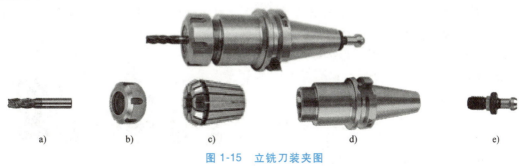

图1-15 立铣刀装夹图

a)立铣刀 b)夹紧螺母 c)弹簧夹头 d)刀柄 e)拉钉

（1）弹簧夹头刀柄　弹簧夹头刀柄用于装夹各种直柄立铣刀、键槽铣刀、麻花钻和丝锥等。弹簧夹头刀柄常用的是 BT40 和 BT50 系列刀柄，刀具通过弹簧夹头与数控刀柄连接。弹簧夹头有两种，即 ER 弹簧夹头和 KM 弹簧夹头。其中，ER 弹簧夹头的夹紧力较小，适用于切削力较小的场合；KM 弹簧夹头的夹紧力较大，适用于强力铣削。采用这两种弹簧夹头的刀柄也各不相同，用于夹持 ER 弹簧夹头的刀柄通常简称为弹簧刀柄，用于夹持 KM 弹簧夹头的刀柄通常简称为强力刀柄，如图 1-16 所示。

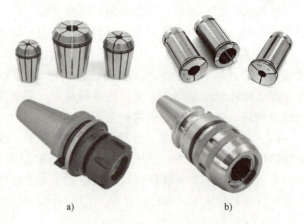

图 1-16　弹簧夹头及其对应刀柄
a）ER 弹簧夹头及刀柄　b）KM 弹簧夹头及刀柄

（2）莫氏锥度刀柄　莫氏锥度刀柄有莫氏锥度 2 号、3 号、4 号等，可装夹相应的莫氏锥度钻夹头、立铣刀等刀具，如图 1-17 所示。

（3）自紧式钻夹头刀柄　该刀柄的夹紧部位类似自定心（三爪）卡盘，其三个爪可同时进退，能够自定心，转动套管，可使三个爪夹紧刀具，如图 1-18 所示。自紧式钻夹头刀柄主要用来夹持麻花钻等钻具进行钻孔。

加工时应根据加工条件来选择刀柄。

图 1-17　莫氏锥度刀柄

图 1-18　自紧式钻夹头刀柄

2. 拉钉

拉钉拧紧在刀柄的尾部，用于在主轴中拉紧刀柄，如图 1-19 所示。拉钉的尺寸目前已标准化。

3. 夹头（或中间模块）

刀具除了可以通过弹簧夹头与数控刀柄连接外，还可使用中间模块与刀柄进行连接。例如，镗刀、丝锥与刀柄的连接就经常使用中间模块，如图 1-20 所示。通过中间模块的使用，可提高刀柄的通用性能。

1.3.5　刀具的装夹

1. 刀具安装辅具

常用的刀具安装辅具有锁刀座、月牙扳手等。锁刀座是用于铣刀在刀柄中装卸的装置，如

图 1-19　拉钉

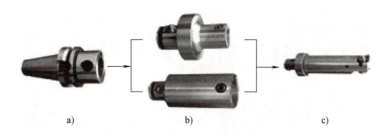

图 1-20 镗刀的刀柄系统

a) 刀柄　b) 中间模块　c) 镗刀

图 1-21 所示。刀柄装入刀具时,一般把刀柄放在锁刀座上,锁刀座上的键对准刀柄上的键槽,使刀柄无法转动,然后用月牙扳手(图 1-22)锁紧螺母。

图 1-21 锁刀座

图 1-22 月牙扳手

立铣刀在刀柄中的安装

2. 数控铣刀在刀柄中的安装

以立铣刀在弹簧夹头刀柄中的安装为例,其安装过程如下。

1) 将刀柄放入锁刀座,刀柄卡槽对准锁刀座的凸起部分。
2) 将弹簧夹头压入夹紧螺母(锁紧螺母/螺纹套)。
3) 将夹紧螺母拧到刀柄上,旋转 1~2 圈。
4) 将刀具放入弹簧夹头中,留出合适的装夹长度,用手拧紧夹紧螺母。
5) 用月牙扳手将夹紧螺母锁紧,完成刀具在刀柄中的安装。

注意:严禁用手直接触摸刀柄锥面,以避免精密部位生锈。装夹时要将弹簧夹头、锁紧螺母的螺纹部分及定位面、锥面清理干净。在弹簧夹头与夹紧螺母的安装过程中,夹头与螺母必须先倾斜一定的角度,然后放入夹紧螺母的锁紧卡槽内。不可用加长强力扳手扭力过紧,防止损坏刀具和夹具。

直柄麻花钻的安装

锥柄麻花钻的安装

任务 1.4　数控铣床的安全操作与维护保养

1.4.1　认识数控铣床操作面板

FANUC 0i 系统数控铣床操作面板主要由操作箱面板、MDI 键盘、紧急停止按钮、主轴转速倍率开关和进给倍率开关等部分组成,如图 1-23 所示。

(1) 操作箱面板　FANUC 0i 系统数控铣床操作箱面板位于显示屏下方,主要用于控制机床运行,由模式选择按键等多个部分组成,各按键的含义见表 1-1。

数控铣削编程与加工

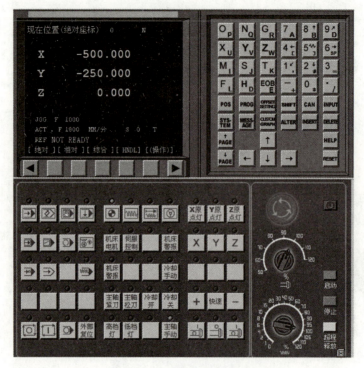

图 1-23 数控铣床操作面板

注：显示屏中的座标应改为坐标。

表 1-1 操作箱面板主要按键的功能

类型	键	名称	功能说明
模式选择按键		自动运行模式键(AUTO)	按下此键，系统进入自动加工模式
		编辑模式键(EDIT)	按下此键，系统进入程序编辑状态
		MDI 模式键(MDI)	按下此键，系统进入 MDI 模式，手动输入并执行指令
		回零模式键(REF)	按下此键，机床进入回零模式
		手动进给模式键(JOG)	按下此键，机床进入手动模式，通过手动连续移动各轴
		增量进给模式键(INC)	按下此键，机床进入手动脉冲控制模式
		手轮控制模式键(HANDL)	按下此键，机床进入手轮控制模式
自动运行模式下的按键		单段执行键	按下此键，运行程序时每次执行一条数控指令
		程序跳段键	按下此键，程序运行时跳过符号"/"有效，该行不执行

12

（续）

类型	键	名称	功能说明
自动运行模式下的按键		选择停止键	按下此键，程序中 M01 代码有效
		示教键	按下此键，可进行示教
		机床锁住键	按下此键，机床各轴被锁定
		空运行	按下此键，各轴以固定的速度运动
加工控制键		进给保持键	数控程序在运行时，按下此键，程序停止执行；再单击循环启动键，程序从暂停位置开始执行
		循环启动键	按下此键，程序开始运行，仅在"自动运行"或"MDI"模式下有效
		循环停止键	数控程序在运行时，按下此键，程序停止执行；再单击循环启动键，程序从开头重新执行
主轴控制键		主轴正转键	手动模式下按下此键，主轴正转
		主轴停转键	手动模式下按下此键，主轴停转
		主轴反转键	手动模式下按下此键，主轴反转
坐标轴移动键	X	X 方向键	手动模式下按下此键，机床将向 X 轴方向移动
	Y	Y 方向键	手动模式下按下此键，机床将向 Y 轴方向移动
	Z	Z 方向键	手动模式下按下此键，机床将向 Z 轴方向移动
	快速	快速移动键	手动模式下，同时按住此键和一个坐标轴方向键，坐标轴以快速进给速度移动
切削液开关键	冷却开 冷却关	切削液开关键	按下此键，机床处于冷却"开/关"控制模式

（2）MDI 键盘　MDI 键盘由数字键和功能键组成，通过 MDI 键盘可以实现数控加工程序的输入与编辑、刀补参数输入、工件坐标系设定等操作。MDI 键盘中各按键的含义见表 1-2。

（3）紧急停止按钮　当发生意外紧急情况时，按下"急停"按钮，机床所有动作立即停止；顺时针旋转"急停"按钮，按钮弹出，解除急停状态。

表 1-2　MDI 键盘中各按键的含义

键	名称	功能说明
RESET	复位键	按下此键，复位 CNC 系统，包括取消报警、主轴故障复位、中途退出自动操作循环和输入、输出过程等
	地址和数字键	按下这些键，输入字母、数字和其他字符
INPUT	输入键	除程序编辑方式以外的情况，当面板上按下一个字母或数字键以后，必须按下此键才能输入 CNC 内
CURSOR	光标移动键	用于在 CRT 页面上，移动当前光标
PAGE	页面变换键	用于 CRT 屏幕选择不同的页面
POS	位置显示键	在 CRT 上显示机床当前的坐标位置
PROG	程序键	在编辑方式下，编辑和显示在系统的程序；在 MDI 方式下，输入和显示 MDI 数据
OFFSET/ SETTING	参数设置	刀具偏置数值和宏程序变量的显示与设定
DGNOS/ PRARM	自诊断参数键	设定和显示参数表及自诊表的内容
OPRALARM	报警号显示键	按下此键显示报警号
CUSTOM /GRAPH	辅助图形	图形显示功能，用于显示加工轨迹
SYSTEM	参数信息键	显示系统参数信息
MESSAGE	错误信息键	显示系统错误信息
ALTER	替代键（编辑键）	用输入域内的数据替代光标所在的数据
DELET	删除键（编辑键）	删除光标所在的数据
INSRT	插入键（编辑键）	将输入域之中的数据插入到当前光标之后的位置
CAN	取消键（编辑键）	取消输入域内的数据
EOB	回车换行键	结束一行程序的输入并且换行

（4）**主轴转速倍率开关**　可调节主轴转速，调节范围为 50%~120%。调节后的主轴转速为：程序中指定的转速×主轴倍率选定值。

（5）**进给倍率开关**　可调节进给倍率，调节范围为 0~120%。调节后的进给速度为：程序中指定的进给速度×进给倍率选定值。

（6）**CRT 屏幕**　主要用于显示机床坐标值、主轴转速、进给速度、加工程序和刀具号等信息，便于操作者实时监控机床状态。

1.4.2　数控铣床的基本操作

1. 开关机

首先接通数控铣床电源，打开机床电源开关；然后按下机床操作面板上的"开机"绿色按钮，等待机床自检启动，直至显示机床坐标。关机操作与开机相反。

开机操作

关机操作

2. 机床回参考点（回零）

首先按下回零模式键 ，回参考点指示灯亮，进入回参考点模式；然后分别按下 +Z、+X、+Y 键，即可使三个坐标轴分别回参考点。对于机床原点与参考点重合的机床，当机械坐标系坐标为 0 时，表示坐标轴已回到参考点。

机床回参考点（回零）

注意：

1) X、Y、Z 三个坐标轴可以同时回参考点，但一般应先回 Z 轴参考点，以防止发生撞刀现象。

2）当各坐标轴手动回参考点时，若某坐标轴在回参考点前已处于零位或位于零位附近，则应将该轴沿负方向移动一段距离后，再执行回参考点，以免机床超程。

3. 手动进给

首先按下手动进给模式键 , 进入手动进给模式；然后按住方向键+Z、+X、+Y 或 -Z、-X、-Y，可以进行单轴、两轴或三轴的正/负方向移动，移动速度由进给倍率旋钮控制，按下快速移动键可以快速移动坐标轴。

手动进给

4. 手轮进给

首先按下手轮控制模式键 , 进入手轮控制模式；然后通过手轮盒上的轴向选择旋钮选择需要移动的轴，通过倍率旋钮选择脉冲量（即进给倍率），其中，×1、×10、×100 分别表示手轮每转动一格轴向移动 0.001mm、0.01mm、0.1mm；最后旋转手摇脉冲发生器向相应的方向移动刀具（逆时针旋转为负向移动，顺时针旋转为正向移动）。

手轮进给

5. 刀柄在机床主轴上的安装

首先确认供气气泵打开，向数控机床的气动装置供气。其次按下手动进给模式键，进入手动模式。握住刀柄底部，将刀柄上的键槽对准主轴的端面键，柄部垂直伸入主轴锥孔中。接着按下主轴上的"换刀"按钮，同时向上推刀柄。然后再次按下"换刀"按钮，松开手握刀柄。最后转动主轴，检查刀柄是否正确安装。

刀柄在机床主轴上的安装

卸刀时，左手握住刀柄，右手按下"换刀"按钮，等主轴夹头松开后，左手取出刀柄。

6. 工件的装夹

在数控铣床上常用机用平口虎钳装夹工件。机用平口虎钳是一种通用夹具，具有装夹速度快、定位准确、使用方便的特点，适用于尺寸较小的方形工件的装夹。

工件的装夹

装夹时需注意以下事项：

1）在安装工件时，应擦净钳口平面、钳体导轨面及工件表面。
2）工件应装夹在靠近钳口中间的位置，并确保钳口受力均匀。
3）工件铣削余量应高出钳口上平面，即铣削尺寸高出钳口平面 3～5mm。

除了机用平口虎钳之外，还可以使用组合压板、卡盘以及组合夹具等在数控铣床上装夹工件。

1.4.3 数控铣床的安全操作规程

数控铣床的安全操作规程包括：

1）按规定穿戴好劳保用品。禁止穿拖鞋、凉鞋、高跟鞋上岗；禁止戴手套、围巾及戒指、项链等各类饰物进行操作，长发必须盘起收于工作帽内。
2）在机床起动前，必须确保机床工作区域内无任何人员或物品滞留。
3）在数控机床开机前应认真检查各机构是否完好，各手柄位置是否正确，常用参数有无改变，并检查各油箱内油量是否充足。

4）在数控铣削过程中，操作者需密切关注切削过程，合理安排观察位置，以确保操作方便及人身安全，禁止擅自离岗。

5）在机床未完全停止前，禁止用手触摸任何转动部件，禁止拆卸零件或更换工件。

6）工具、夹具、量具要合理使用和码放，并保持工作场地整洁有序，禁止随意放置在机床上，尤其是工作台上。

7）操作后应及时清理机床上的切屑、杂物，工作台面和机床导轨等部位要涂油保护，做好保养工作；并将数控面板旋钮、开关等置于非工作位置，按规定顺序关机，切断电源。

1.4.4　数控铣床的日常维护

数控铣床的日常维护包括每班维护和周末维护，由操作人员负责。

1. 每班维护

1）机床上的各种铭牌及警告标志需维护，不清楚或损坏时要更换。

2）检查空压机是否工作正常，压缩空气压力一般控制在 0.588~0.784MPa，供应量为 200L/min。

3）检查数控装置上各冷却风扇是否工作正常，以确保数控装置的散热通风。

4）检查各油箱的油量，必要时需添加。

5）电器箱与操作箱必须确保关闭，以避免切削液或灰尘进入。

6）加工结束后，操作人员需清理干净机床工作台面上的切屑，离开机床前，必须关闭主电源。

2. 周末维护

在每周末和节假日前，需要彻底清洗设备，清除油污。

拓展提升

6S 管　理

6S 管理是一种管理模式，是 5S 管理的升级，6S 即整理（SEIRI）、整顿（SEITON）、清扫（SEISO）、清洁（SEIKETSU）、素养（SHITSUKE）和安全（SECURITY）。

整理（SEIRI）——将工作场所中的任何物品分为有必要的和没有必要的，除了有必要的留下来，其他的都清除掉。目的是腾出空间，防止误用，塑造清爽的工作场所。

整顿（SEITON）——把留下来的必要物品依规定位置摆放，并放置整齐，加以标识。目的是使工作场所一目了然，减少寻找物品的时间，消除过多的积压物品。

清扫（SEISO）——将工作场所内看得见与看不见的地方都清扫干净，保持工作场所干净、整洁。目的是消除不利于产品质量的环境因素，减少工业伤害。

清洁（SEIKETSU）——将整理、整顿、清扫进行到底，并且制度化，经常保持环境处在美观的状态。目的是创造明朗现场，维持上面的 3S 成果。

素养（SHITSUKE）——每位成员养成良好的习惯，并遵守规则做事，培养积极主动的精神（也称习惯性）。目的是培养具有良好习惯、遵守规则的员工，营造团队精神。

安全（SECURITY）——重视成员安全教育，每时每刻都有安全第一观念，防患于未然。目的是建立起安全生产的环境，所有的工作应建立在安全的前提下。

项目 2

平面零件的编程与加工

任务 2.1 平面零件的工艺制定

2.1.1 数控铣削的加工方式

按铣刀切削刃的形式和方位不同，将铣削方式分为周铣和端铣两种。用分布于铣刀圆柱面上的刀齿铣削工件表面，称为周铣；用分布于铣刀端面上的刀齿进行铣削加工称为端铣。如图 2-1 所示，图中，v_c 为切削速度，v_f 为进给速度、a_p 为背吃刀量、a_e 为侧吃刀量、f_z 为每齿进给量。

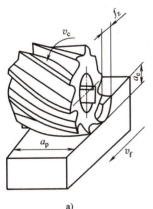 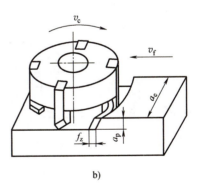

周铣和端铣

a) b)

图 2-1 周铣和端铣

a) 周铣 b) 端铣

1. 周铣

（1）周铣的分类 根据铣刀和工件的相对运动方式将周铣分为顺铣和逆铣两种。

1) 铣削时，铣刀切出工件时的切削速度方向与工件的进给方向相同，称为顺铣，如图 2-2a 所示。

顺铣和逆铣

2）铣削时，铣刀切入工件时的切削速度方向与工件进给方向相反，称为逆铣，如图 2-2b 所示。

（2）顺铣和逆铣的特点

1）铣削厚度变化的影响。逆铣时，刀齿的切削厚度由薄到厚。当切削刃初接触工件时，由于侧吃刀量几乎为零，刃口先是在工件已加工表面上滑行，滑到一定距离，切削刃才能切入工件，刀齿在滑行时对已加工表面的挤压，使工件表面产生冷硬层，工件表面粗糙度值增大，同时使切削刃磨损加剧。顺铣时，刀齿的切削厚度是从厚到薄，没有上述缺点。

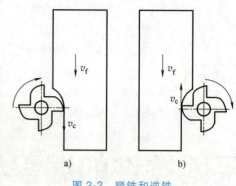

图 2-2 顺铣和逆铣
a）顺铣 b）逆铣

2）切削力方向的影响。顺铣时，铣削力的纵向（水平）分力的方向与进给力方向相同，如果丝杠螺母传动副中存在背向间隙，当纵向分力大于工作台与导轨间的摩擦力时，会使工作台连同丝杠沿背隙窜动，从而使由螺纹副推动的进给运动变成了由铣刀带动工作台的窜动，引起进给量突然变化，影响工件的加工质量，严重时会使铣刀崩刃。逆铣时，铣削力的纵向分力的方向与进给力方向相反，使丝杠与螺母能始终保持在螺纹的一个侧面接触，工作台不会发生窜动。顺铣时，刀齿每次都是从工件外表面切入金属材料，所以不宜用来加工有硬皮的工件。

总之，顺铣与逆铣比较，顺铣加工可以提高铣刀寿命，工件表面粗糙度值较小，尤其在铣削难加工材料时，效果更加明显。数控铣床采用无间隙的滚珠丝杠传动，能消除传动间隙，避免工作台窜动。因此，当工件表面没有硬皮，工艺系统有足够的刚度时，应优先考虑顺铣，否则应采用逆铣。

2. 端铣

（1）端铣的分类　端铣分为对称铣削、不对称逆铣和不对称顺铣三种，如图 2-3 所示。

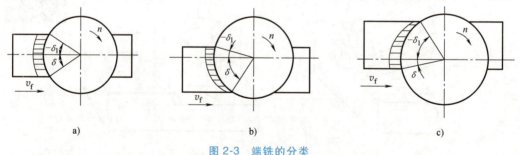

图 2-3 端铣的分类
a）对称铣削 b）不对称逆铣 c）不对称顺铣

按铣刀偏向工件的位置，在工件上可分为进刀部分和出刀部分。显然，铣刀进刀部分为逆铣，出刀部分为顺铣。

1）**对称铣削时**：顺铣部分等于逆铣部分。铣削时，工件位于铣刀中间，切入切出时的切削厚度均相同，如图 2-3a 所示。一般端铣多用此种铣削方式，尤其适用于铣削淬硬钢。

2）**不对称逆铣**：逆铣部分大于顺铣部分。铣削时，工件偏在铣刀的进刀部分，切屑由薄变厚，如图 2-3b 所示。用这种方式铣削碳钢与合金钢时，可减少切入冲击，提高刀具寿命。

3）不对称顺铣时：顺铣部分大于逆铣部分。铣削时，工件偏在铣刀的出刀部分，切屑由厚变薄，如图 2-3c 所示。用这种方式铣削不锈钢和耐热合金钢时，刀具寿命显著提高。

(2) 端铣的特点　主轴刚度好，切削过程中不易产生振动；面铣刀刀盘直径大，刀齿多，铣削过程比较平稳；面铣刀的结构使其易于采用硬质合金可转位刀片，而硬质合金材质的刀具可以采用较高的切削速度，所以铣削用量大，生产效率高；面铣刀还可以利用修光刃获得较小的表面粗糙度值。目前，在平面铣削中，端铣基本上代替了周铣。但周铣可以加工成形表面和组合表面，而端铣只能加工平面。

2.1.2 加工工序的划分

1. 加工阶段

当零件的加工质量要求较高时，往往不可能用一道工序来满足其要求，而要用几道工序逐步达到所要求的加工质量。为保证加工质量和合理地使用设备、人力，零件的加工过程通常按工序性质的不同，分为粗加工、半精加工、精加工和光整加工四个阶段。

2. 数控铣削加工工序的划分原则

在数控铣床上加工的零件，一般按工序集中原则划分工序，划分方法如下。

(1) 按所用刀具划分　以同一把刀具完成的那一部分工艺过程为一道工序。这种划分方法适用于工件的待加工表面较多、机床的连续工作时间较长、加工程序的编制和检查难度较大等情况。用加工中心加工工件时常用这种方法划分工序。

(2) 按装夹次数划分　以一次装夹完成的那一部分工艺过程为一道工序。这种划分方法适用于加工内容不多的工件，加工完成后就能达到待检状态。

(3) 按粗、精加工划分　以粗加工中完成的那部分工艺过程为一道工序，精加工中完成的那一部分工艺过程为一道工序。这种划分方法适用于加工后变形较大，需粗、精加工分开的工件，如毛坯为铸件、焊接件或锻件的零件。

(4) 按加工部位划分　以完成相同型面的那一部分工艺过程为一道工序。对于加工表面多而且复杂的零件，可按其结构特点（如内形、外形、曲面和平面等）划分成多道工序。

3. 数控铣削加工顺序的安排

数控铣削加工顺序通常按下列原则安排：1）基面先行原则；2）先粗后精原则；3）先主后次原则；4）先面后孔原则。

2.1.3 铣削用量的选择

1. 铣削用量的概念

铣削用量是铣削吃刀量、进给速度和切削速度的总称。

(1) 吃刀量　包括背吃刀量 a_p 和侧吃刀量 a_e。

背吃刀量 a_p 为平行于铣刀轴线测量的切削层尺寸，单位是 mm。

侧吃刀量 a_e 为垂直于铣刀轴线测量的切削层尺寸，单位是 mm。

(2) 进给速度　单位时间内工件与铣刀沿进给方向的相对位移量，单位是 mm/min。

(3) 切削速度　铣削加工时，铣刀的切削刃的线速度，单位是 m/min。

2. 铣削用量的选择原则

所谓合理选择铣削用量，是指在所选铣削用量下，能充分利用刀具的切削性能和机床的动力性能，在保证加工质量的前提下，获得高生产效率和低加工成本。

从提高生产效率的角度考虑，应该在保证刀具寿命的前提下，使吃刀量、进给速度和切削速度三者的乘积（即材料的去除率）最大。在铣削用量三要素中，任一要素的增加都会使刀具寿命下降，但是影响的大小是不同的，影响最大的是切削速度，其次是进给速度，最小的是吃刀量。为了使生产效率高且对刀具寿命下降的影响最小，选择铣削用量的原则为：首先选择尽可能大的背吃刀量 a_p（端铣）或侧吃刀量 a_e（周铣），其次是确定进给速度，最后根据刀具寿命确定切削速度。

3. 铣削用量的选定

（1）背吃刀量 a_p（端铣）或侧吃刀量 a_e（周铣）的选定　背吃刀量或侧吃刀量的选取主要是由加工余量的多少和对表面质量的要求决定的。以上参数可通过查阅切削用量手册选取。在机床动力足够（经机床动力校核确定）和工艺系统刚度许可的条件下，应选取尽可能大的吃刀量（端铣的背吃刀量 a_p 或周铣的侧吃刀量 a_e）。

粗加工的铣削宽度一般取刀具直径的 0.6~0.8 倍，精加工的铣削宽度由精加工余量确定（精加工余量一次性切削）。

一般情况下，在留出精铣和半精铣的余量 0.5~2mm 后，其余的余量可作为粗铣吃刀量，尽量一次切除。半精铣吃刀量可选为 0.5~1.5mm，精铣吃刀量可选为 0.2~0.5mm。

面铣刀粗铣的背吃刀量一般取 2~5mm。

（2）进给速度 v_f 的选定　进给速度 v_f 与每齿进给量 f_z 有关。进给速度 v_f 与铣刀每齿进给量 f_z、铣刀齿数 z 及刀具主轴转速 n 的关系为：

$$v_f = z f_z n$$

式中　f_z——铣刀每齿进给量（mm/z）；

　　　z——铣刀齿数；

　　　n——主轴转速（r/min）。

粗加工时，每齿进给量 f_z 的选取主要取决于工件材料的力学性能、刀具材料和铣刀类型。工件材料的强度和硬度越高，选取的 f_z 越小，反之则越大；同一类型的铣刀，硬质合金铣刀的每齿进给量 f_z 应大于高速钢铣刀；而对于面铣刀、圆柱铣刀、立铣刀来说，由于刀齿强度不同，其每齿进给量 f_z 的选取，按面铣刀→圆柱铣刀→立铣刀的排列顺序依次递减。

精加工时，每齿进给量 f_z 的选取要考虑工件表面粗糙度的要求，表面粗糙度值越小，f_z 越小。每齿进给量可参考表 2-1 选取。

表 2-1　各种铣刀每齿进给量

工件材料	每齿进给量 f_z/(mm/z)			
	粗铣		精铣	
	高速钢铣刀	硬质合金铣刀	高速钢铣刀	硬质合金铣刀
钢	0.10~0.15	0.10~0.25	0.02~0.05	0.10~0.15
铸铁	0.12~0.20	0.15~0.30		

（3）切削速度 v_c 的选定　切削速度选定的原则是：切削速度值的大小应该与刀具寿命

T、背吃刀量 a_p、侧吃刀量 a_e、每齿进给量 f_z 及刀具齿数 z 成反比，与铣刀直径成正比。此外，切削速度还与工件材料、刀具材料、铣刀材料和加工条件等因素有关。

铣刀的切削速度可参考表 2-2 选取。

表 2-2 铣刀的切削速度

工件材料	铣削速度 v_c/(m/min)		工件材料	铣削速度 v_c/(m/min)	
	高速钢铣刀	硬质合金铣刀		高速钢铣刀	硬质合金铣刀
20 钢	20~45	150~250	黄铜	30~60	120~200
45 钢	20~45	80~220	铝合金	112~300	400~600
40Cr	15~25	60~90	不锈钢	16~25	50~100
HT150	14~22	70~100			

选择 v_c 后，根据下面公式计算出主轴转速 n 的值：

$$n = \frac{1000v_c}{\pi d}$$

式中　n——主轴转速（r/min）；
　　　d——铣刀直径（mm）。

2.1.4　平面铣削常用刀具

平面铣削因铣削平面较大，故常用面铣刀加工。面铣刀圆周方向的切削刃为主切削刃，端面的切削刃为副切削刃。较常用的是可转位硬质合金面铣刀，也可使用可转位硬质合金 R 铣刀铣削平面。

平面铣削时刀具直径可根据以下方法来确定。

1）最佳铣刀直径应根据工件宽度来选择，d 取 $(1.3 \sim 1.5)WOC$，WOC 为切削宽度，如图 2-4a 所示。

2）如果机床功率有限或工件太宽，应根据两次进给或依据机床功率来选择铣刀直径，当铣刀直径不够大时，选择适当的铣削加工位置也可获得良好的效果，此时，$WOC = 0.75d$，如图 2-4b 所示。

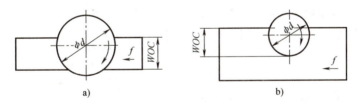

图 2-4　面铣刀直径的选择
a) 选择的刀具直径大于工件宽度　b) 选择的刀具直径小于工件宽度

2.1.5　平面铣削刀具进给路线

（1）刀具直径大于工件宽度　可根据情况，选择使用对称铣削、不对称顺铣或不对称逆铣。

（2）刀具直径小于工件宽度　当工件平面较大、无法用一次进给切削完成时，就需采用多次进给切削，此时两次进给之间就会产生重叠接刀痕。一般大面积平面铣削有以下三种进给方式。

1）环形进给，如图 2-5a 所示。这种进给方式的刀具总行程最短，生产效率最高。但是如果采用直角拐弯，则在工件四角处由于要切换进给方向，造成刀具停在一个位置无进给切削，使工件四角被多切了一薄层，从而影响了加工面的平面度，因此在拐角处应尽量采用圆弧过渡。

2）周边进给，如图 2-5b 所示。这种进给方式的刀具行程比环形进给要长，由于工件的四角被横向和纵向进给切削两次，其精度明显低于其他平面。

3）平行进给，如图 2-5c、d 所示。平行进给就是在一个方向单程或往复直线走刀切削，所有接刀痕都是方向平行的直线。单向走刀加工面的平面度精度高，但切削效率低（有空行程）；往复走刀加工面的平面度精度低（因顺铣、逆铣交替），但切削效率高。对于要求精度较高的大型平面，一般都采用单向平行进给方式。

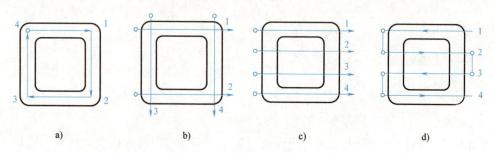

图 2-5 平面铣削刀具进给路线
a）环形进给 b）周边进给 c）平行进给（单向） d）平行进给（往复）

任务 2.2　平面零件的程序编制

2.2.1　程序组成及程序段的格式

1. 程序结构

在编写工件的数控加工程序时，需要按照数控装置规定的指令和程序格式进行编写。如图 2-6 所示，常规加工程序由程序名、程序主体和程序结束指令组成。

2. 程序名

程序名位于程序主体之前，它一般单独占一行，以英文字母 O 打头，后面跟 1~4 位数字。

3. 程序段格式

程序段是程序主体的基本组成部分，每个程序段由若干个地址字构成，地址字由表示地址的英文字母、正负号、小数点和数字构成，如图 2-6 中的 "G01 Z-2 F100;"。

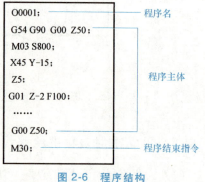

图 2-6　程序结构

程序段的一般格式如下：
N_ G_ X_ Y_ Z_ F_ M_ S_ T_ ;

其中各个功能字的含义如下：

N——程序段号，由地址符 N 和数字组成，一般为 N1～N9999。程序段的编号一般不连续排列，以 5 和 10 间隔，以便于插入程序段；

G——准备功能字，是控制数控机床进行操作的指令，由地址符 G 和两位数字组成；

X、Y、Z——尺寸字，一般用来指定刀具运动达到的坐标位置，由地址符和数字构成，地址符有 X、Y、Z、U、V、W、R、I、K 等；

F——进给功能字，表示刀具中心运动时的进给速度或进给量，由地址符 F 和进给量数值构成，其单位是 mm/min 或 mm/r；

M——辅助功能字，表示机床的辅助动作指令，由地址符 M 和两位数字组成；

S——主轴功能字，表示主轴转速，由地址符 S 和转速数值组成，单位为 r/min；

T——刀具功能字，表示刀具所处的位置，由地址符 T 和数字组成；

; ——程序段结束符，写在每段程序之后，表示程序段结束。FANUC 系统程序段结束符为 ";"（FANUC 0i 及更高的版本已不再强调程序段结束符）。

2.2.2　FANUC 0i 系统指令代码简介

1. 准备功能指令（G 代码）

准备功能指令用来指定机床的工作方式，规定刀具与工件的相对运动轨迹、机床坐标系、坐标平面、刀具补偿和坐标偏置等加工参数。准备功能是程序编制中的核心内容。

G 代码有模态代码和非模态代码之分。模态代码表示该功能一旦被执行，则一直有效，直到被同一组的 G 代码注销。非模态代码只在出现该代码的程序段中有效。FANUC 0i 系统的准备功能 G 代码见表 2-3。

表 2-3　FANUC 0i 系统的准备功能 G 代码

G 代码	组别	功　　能	程序格式及说明
G00▲	01	快速点定位	G00 IP_;
G01		直线插补	G01 IP_F_;
G02		顺时针圆弧插补	G02 X_Y_R_F_;或 G02 X_Y_I_J_F_;
G03		逆时针圆弧插补	G03 X_Y_R_F_;或 G03 X_Y_I_J_F_;
G04	00	暂停	G04 X1.5;或 G04 P1500;
G05.1		预读处理控制	G05.1;(接通)G05.0;(取消)
G07.1		圆柱插补	G07.1 IP1;(有效)G07.1 IP0;(取消)
G08		预读处理控制	G08 P1;(接通)G08 P0;(取消)
G09		准确停止	G09 IP_;
G10		可编程数据输入	G10 L50;(参数输入方式)
G11		可编程数据输入取消	G11;
G15▲	17	极坐标取消	G15;
G16		极坐标指令	G16;
G17▲	02	选择 XY 平面	G17;
G18		选择 ZX 平面	G18;
G19		选择 YZ 平面	G19;
G20	06	寸制(英制)输入	G20;
G21▲		米制输入	G21;
G22▲	04	存储行程检测接通	G22 X_Y_Z_I_J_K_;
G23		存储行程检测断开	G23;

（续）

G 代码	组别	功 能	程序格式及说明
G27	00	返回参考点检测	G27 IP_;(IP 为指定的参考点)
G28		返回参考点	G28 IP_;(IP 为经过的中间点)
G29		从参考点返回	G29 IP_;(IP 为返回参考点)
G30		返回第 2、3、4 参考点	G30 P3 IP_;或 G30 P4 IP_;
G31		跳转功能	G31 IP_;
G33	01	螺纹切削	G33 IP_ F_;(F 为导程)
G37	00	自动刀具长度测量	G37 IP_;
G39		拐角偏置圆弧插补	G39;或 G39 I_J_;
G40▲	07	刀具半径补偿取消	G40;
G41		刀具半径左补偿	G41 G01 IP_D_;
G42		刀具半径右补偿	G42 G01 IP_D_;
G40.1▲	18	法线方向控制取消	G40.1;
G41.1		左侧法线方向控制	G41.1;
G42.1		右侧法线方向控制	G42.1;
G43	08	正向刀长长度补偿	G43 G01 Z_H_;
G44		负向刀长长度补偿	G44 G01 Z_H_;
G45	00	刀具位置偏置加	G45 IP_D_;
G46		刀具位置偏置减	G46 IP_D_;
G47		刀具位置偏置加 2 倍	G47 IP_D_;
G48		刀具位置偏置减 1/2	G48 IP_D_;
G49▲	08	刀具长度补偿取消	G49;
G50▲	11	比例缩放取消	G50;
G51		比例缩放有效	G51 IP_P_;或 G51 I_J_K_P_;
G50.1▲	22	可编程镜像取消	G50.1 IP_;
G51.1		可编程镜像有效	G51.1 IP_;
G52	00	局部坐标系设定	G52 IP_;(IP 以绝对值指定)
G53		选择机床坐标系	G53 IP_;
G54▲	14	选择工件坐标系 1	G54;
G54.1		选择附加工件坐标系	G54.1 Pn;(n 取 1~48)
G55		选择工件坐标系 2	G55;
G56		选择工件坐标系 3	G56;
G57		选择工件坐标系 4	G57;
G58		选择工件坐标系 5	G58;
G59		选择工件坐标系 6	G59;
G60	00	单方向定位方式	G60 IP_;
G61	15	准确停止方式	G61;
G62		自动拐角倍率	G62;
G63		攻螺纹方式	G63;
G64▲		切削方式	G64;
G65	00	宏程序非模态调用	G65 P_L_〈自变量指定〉;
G66	12	宏程序模态调用	G66 P_L_〈自变量指定〉;
G67▲		宏程序模态调用取消	G67;
G68	16	坐标系旋转	G68 IP_R_;
G69▲		坐标系旋转取消	G69;
G73	09	深孔钻循环	G73 X_Y_Z_R_Q_F_;
G74		攻左旋螺纹循环	G74 X_Y_Z_R_P_F_;
G76		精镗孔循环	G76 X_Y_Z_R_Q_P_F_;
G80▲		固定循环取消	G80;
G81		钻孔、锪、镗孔循环	G81 X_Y_Z_R_;

(续)

G 代码	组别	功 能	程序格式及说明
G82	09	钻孔循环	G82 X_Y_Z_R_P_;
G83		深孔循环	G83 X_Y_Z_R_Q_F_;
G84		攻右旋螺纹循环	G84 X_Y_Z_R_P_F_;
G85		镗孔循环	G85 X_Y_Z_R_F_;
G86		镗孔循环	G86 X_Y_Z_R_P_F_;
G87		背镗孔循环	G87 X_Y_Z_R_Q_F_;
G88		镗孔循环	G88 X_Y_Z_R_P_F_;(手动返回)
G89		镗孔循环	G89 X_Y_Z_R_P_F_;
G90▲	03	绝对值编程	G90 G01 X_Y_Z_F_;
G91		增量值编程	G91 G01 X_Y_Z_F_;
G92	00	设定工件坐标系	G92 IP_;
G92.1		工件坐标系预置	G92.1 X0 Y0 Z0;
G94▲	05	每分钟进给	单位为 mm/min
G95		每转进给	单位为 mm/r
G96	13	恒线速度	G96 S200;(200m/min)
G97▲		每分钟转速	G97 S800;(800r/min)
G98▲	10	固定循环返回初始点	G98 G81 X_Y_Z_R_F_;
G99		固定循环返回 R 点	G99 G81 X_Y_Z_R_F_;

注：带"▲"的 G 代码为开机默认代码。

2. 辅助功能指令（M 代码）

辅助功能指令主要用于控制零件程序的走向以及机床各种辅助功能的开关动作，如主轴的旋转方向、起动、停止以及切削液的开关等功能。编程时每个程序段只能执行一个 M 代码。配有 FANUC 0i 系统的数控铣床常用 M 代码及功能见表 2-4。

表 2-4 M 代码及功能

代码	功 能	代码	功 能
M00	程序暂停	M06	换刀
M01	选择停止	M07	切削液打开
M02	程序结束	M09▲	切削液停止
M03	主轴正转起动	M30	程序结束并返回程序起点
M04	主轴反转起动	M98	调用子程序
M05▲	主轴停止转动	M99	子程序结束并返回主程序

注：带"▲"的 M 代码为开机默认代码。

表 2-4 中 M 代码的格式和说明如下。

（1）程序暂停指令 M00　指令格式：M00;

当数控系统执行 M00 指令时，将暂停执行当前程序，以方便操作者进行手动操作，如手动钻孔、攻螺纹等。暂停时机床的进给停止，但主轴还在旋转，而现存的模态信息全部保持不变，欲继续执行后续程序，需重按操作面板上的"循环启动"按键即可。

（2）选择停止指令 M01　指令格式：M01;

当数控系统执行 M01 指令时，必须使操作面板上的"选择停止"按键有效；否则，不执行该功能。M01 指令通常用于随时停机，以进行某些操作，如中途进行测量工件尺寸、精度等操作。

（3）程序结束指令 M02　指令格式：M02;

M02 指令一般放在主程序的最后一个程序段中，当数控系统执行 M02 指令时，机床的主轴、进给和切削液全部停止运作,加工结束。执行 M02 指令使程序结束后,若要重新执行该程序,就得重新调用该程序。

(4) 程序结束并返回到零件程序头指令 M30　指令格式:M30;

M30 和 M02 功能基本相同,只是 M30 指令还兼有控制返回到零件程序头的作用。执行 M30 指令使程序结束后,若要重新执行该程序,只需再次按操作面板上的"循环启动"按键即可。

(5) 子程序调用指令 M98 及从子程序返回指令 M99　指令格式:M98 或 M99;

M98 用来调用子程序;M99 表示子程序结束,执行 M99 控制程序流程返回到主程序。

(6) 主轴控制指令 M03、M04、M05　指令格式:M03/M04/M05 S_;

例如:"M03 S1000;"表示主轴正转,转速为 1000r/min。

M03 表示主轴正转;M04 表示主轴反转;M05 表示主轴停转。

主轴正反转的判断方法是:沿着主轴输出端看过去,主轴顺时针旋转为正转,用 M03 指令;主轴逆时针旋转为反转,用 M04 指令。

(7) 换刀指令 M06　指令格式:M06 T_;

例如:"M06 T12;"表示加工中心换 12 号刀。

(8) 切削液打开、停止指令 M07、M09　指令格式:M07 或 M09;

M07 表示将打开切削液管道;M09 表示将关闭切削液管道。

2.2.3　基本 G 指令

1. 工件坐标系零点偏移及取消指令 G54~G59、G53

格式:G54/G55/G56/G57/G58/G59;程序中设定工件坐标系零点偏移;

G53;程序中取消工件坐标系设定,即选择机床坐标系。

说明:工件坐标系原点通常通过零点偏置的方法来设定,如图 2-7 所示。其设定过程为通过对刀操作找出装夹后工件坐标系原点在机床坐标系中的绝对坐标值(即图 2-7 中 $-a$、$-b$ 和 $-c$ 的值),将这些值通过机床面板输入到机床偏置存储器参数表中 G54~G59 任一位置,从而将机床坐标系原点偏置至工件坐标系原点,程序中直接调用这一指令即可。

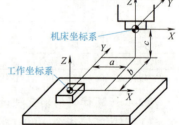

图 2-7　设定工件坐标系零点偏移

注意:

1) 通过零点偏置的方法设定工件坐标系的实质就是在编程与加工之前让数控系统知道工件坐标系在机床坐标系中的具体位置。

2) 设定好的工件坐标系将永久保存,即使机床关机,工件坐标系也将保留。

3) 通过对刀操作,输入不同的零点偏移数值,可以设定 G54~G59 共 6 个不同的工件坐标系。

2. 绝对坐标与相对坐标编程指令 G90、G91

格式:G90;

　　　G91;

说明:G90 指令表示绝对值编程,每个编程坐标轴上的编程值是相对于程序原点的。

G91指令表示增量值编程,每个编程坐标轴上的编程值是相对于前一位置而言的,该值等于沿轴移动的距离。G90、G91为模态功能,可相互注销,G90为默认值。

选择合适的编程方式可简化编程过程。当图样尺寸由一个固定基准给定时,采用绝对方式编程较为方便;当图样尺寸是以轮廓顶点之间的间距给出时,则采用增量方式编程较为方便。

3. 快速点定位指令 G00

格式:G00 X_ Y_ Z_ ;

其中,X_ Y_ Z_为刀具目标点的坐标;绝对方式时为目标点的绝对坐标,增量方式时为目标点相对于前一点的增量坐标,不运动的坐标可以不写。

说明:

1) G00一般用于加工前的快速定位和加工后的快速提刀。
2) G00为快移速度,是由机床参数设定的,程序中不能指定。
3) G00为模态功能,可由G01、G02、G03等同一组的G代码注销。
4) 快速定位的目标点不能选在工件上,一般要距离工件表面5~10mm。
5) 在执行G00指令时,由于各轴均以各自的速度移动,不能保证各轴同时到达终点,因而联动直线轴的合成轨迹不一定是直线,如图2-8所示。因此操作者必须格外小心,以免刀具与工件或夹具发生碰撞。常见的做法是,将Z轴与X、Y轴放在两段程序中,尽量避免三个坐标轴联动,先将Z轴提高到安全高度,再执行X、Y方向的G00指令。

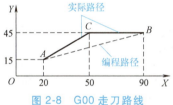

图 2-8 G00 走刀路线

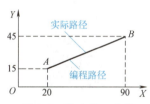

图 2-9 G01 走刀路线

4. 直线插补指令 G01

格式:G01 X_ Y_ Z_ F_ ;

其中,X_ Y_ Z_为刀具目标点的坐标。F_为合成进给速度,单位一般为mm/min。

说明:G01指定刀具以坐标联动的方式,按F指定的合成进给速度,从当前位置沿直线移动到程序段指定的终点,如图2-9所示。

【例 2-1】 在立式数控铣床上,按图2-10所示的走刀路线铣削工件上表面,已知主轴转速为 600 r/min,进给速度为 200mm/min。试编制加工程序。

建立如图2-10所示工件坐标系,编制加工程序如下:

O0001;
G54 G90 G00 Z50;
X155 Y40;   ①

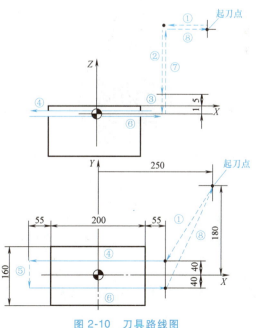

图 2-10 刀具路线图

```
M03 S600;
Z5;                        ②
G01 Z-1 F200;              ③
X-155;                     ④
G00 Y-40;                  ⑤
G01 X155;                  ⑥
G00 Z50;                   ⑦
X250 Y180;                 ⑧
M30;
```

例 2-1 仿真

任务 2.3 平面零件的仿真加工

2.3.1 仿真软件的基本操作

仿真软件的基本操作见表 2-5。

表 2-5 仿真软件的基本操作

序号	操作步骤	操作视频二维码	序号	操作步骤	操作视频二维码	序号	操作步骤	操作视频二维码
1	选择机床类型		4	定义毛坯		7	调整工件位置	
2	选项设置		5	装夹工件		8	拆除工件	
3	机床基本操作		6	放置工件		9	选择刀具	

2.3.2 对刀操作

一般将数控铣床工件上表面中心点设为工件坐标系的原点，下面以此为例，说明铣床仿真对刀的方法，见表 2-6。根据工件的特点，将工件上其他点设为工件坐标系原点的对刀方法与此类似。

2.3.3 数控程序的输入与编辑

数控程序的输入与编辑方法见表 2-7。

表 2-6 对刀操作

序号	操作步骤	操作视频二维码	序号	操作步骤	操作视频二维码	序号	操作步骤	操作视频二维码
1	X、Y 轴对刀		2	Z 轴对刀		3	设定工件坐标系（G54）	

表 2-7 数控程序的输入与编辑

序号	操作步骤	操作视频二维码	序号	操作步骤	操作视频二维码
1	手动输入程序		2	程序的编辑修改	

2.3.4 零件的自动加工

扫右侧二维码观看操作视频。

注意：

1）编辑修改程序后，在编辑模式下按"复位"键可将光标移到程序开头。

2）可以通过"主轴倍率"旋钮和"进给倍率"旋钮来调节主轴旋转和移动的速度。

零件的自动加工

任务 2.4 平面零件的实操加工

2.4.1 MDI 模式的操作

MDI 模式的操作步骤如下（扫右侧二维码观看操作视频）。

1）按下"手动数据输入"键 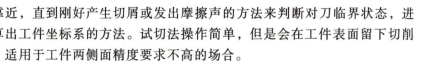（MDI），选择 MDI 模式。

2）按下"程序"键 （PROG），使 CRT 屏幕显示程序输入界面。

3）使用 MDI 键盘输入程序（如 M03 S600;）。

4）按下"循环启动"键，执行程序（如执行上述程序段可使主轴正转）。

MDI 模式的操作

2.4.2 试切法对刀

试切法对刀是使用旋转的铣刀直接试切工件表面，通过观察刀具与工件逐渐靠近，直到刚好产生切屑或发出摩擦声的方法来判断对刀临界状态，进而计算出工件坐标系的方法。试切法操作简单，但是会在工件表面留下切削痕迹，适用于工件两侧面精度要求不高的场合。

扫右侧二维码观看操作视频。

试切法对刀

2.4.3 自动加工时的操作

首件试切时,在开始运行数控程序进行自动加工之前,首先将"进给倍率"旋钮转到0%位置,然后选择自动运行模式,单击"循环启动"按钮,之后将"进给倍率"旋钮旋至100%,开始加工。在加工时,操作者应实时观察加工情况,可随时根据加工需求调节进给倍率,当发现错误时,也可通过将"进给倍率"旋钮转到0%的方式使机床进给运动停止。

劳 模 语 录

1. 凭"敬业"可以成为一个合格的工人,但只有"乐业"才能脱颖而出,成为佼佼者。——万亚勇(宁波中大力德智能传动股份有限公司设备科科长,高级技师,2020年全国劳动模范)

2. 只有不断奋发向上、付出艰辛,才能创造更美好的明天。——张良(晋宁昆阳张良花卉专业合作社社长,高级新型职业农民,2020年全国劳动模范)

3. 新时代的劳模精神,要敢为人先、精益求精。——李征(国网冀北电力有限公司唐山供电公司二次检修中心副主任,高级技师,2020年全国劳动模范)

项目 3

平面圆弧零件的编程与仿真

任务 3.1　平面圆弧零件的工艺制定

3.1.1　球头刀的使用

1. 球头刀的特点

球头刀适于铣削模具钢、铸铁、碳素钢、合金钢、工具钢以及一般铁材，属于立铣刀，广泛用于各种曲面、圆弧沟槽的加工。在使用球头刀进行加工时，因为切入角是连续变化的，所以切削力的变化也是一个连续的过程，可以使得切削状态更加稳定，表面粗糙度值更低。

但是，球头刀在使用时其近中心处切削速度极小，接近于"零"，实际上刀尖部分不是在进行切削，而是在进行磨削，切削条件比较恶劣。实际加工时，应尽可能使铣刀轴线与工件的法线方向间有一个倾斜角，当这个夹角为15°左右时，刀具的寿命将达到最大值。

此外，由于球头刀的容屑槽相对较小，当在延展性强的材料（如纯铜）上加工深槽时，如果进给速度过快，很容易断刀。因此，在使用球头刀进行加工时，要注意排屑。

2. 球头刀的刀位点

与普通立铣刀不同，球头刀的刀位点是球头球心，这意味着程序中确定刀具位置的所有坐标都是指球头刀的球心所在位置，这点在程序编写过程中要格外注意。

3.1.2　下刀过程的确定

1. 安全高度的确定

对于铣削加工来说，起刀点和退刀点必须离开加工零件上表面一个安全高度（5~10mm），以保证刀具在停止状态时，不与加工零件或夹具发生碰撞。在安全高度位置时刀具中心（或刀尖）所在的平面称为安全平面，如图 3-1 所示。

当零件的一个部位加工完成后移动刀具到另一个部位

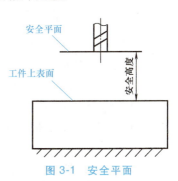

图 3-1　安全平面

时，须先执行 G00 的抬刀操作，将刀具提到安全高度处，再移动 XY 方向，移动过程中应考虑可能的干涉结果。

2. 下刀点位置的确定

当刀具从安全高度下降到切削高度时，应避开需要保留的零件部位，即下刀点应设在要加工的废料部位或空料位置。

下刀运动过程最好采用直线插补指令 G01，如果下刀点在空料位置，也可直接用立铣刀以 G00 模式快速下刀；若下刀点在料中，则必须使用 G01，且选用可以轴向进给的刀具，如球头刀、键槽刀等；当一次切深较多时，宜先钻引孔，然后用立铣刀或键槽刀从引孔处下刀。

任务 3.2 平面圆弧零件的程序编制

3.2.1 坐标平面选择指令 G17/G18/G19

坐标平面选择指令 G17/G18/G19 分别用来指定程序段中刀具的圆弧插补平面和刀具半径补偿平面。在笛卡儿直角坐标系中，三个互相垂直的轴 X、Y、Z 分别构成三个平面，如图 3-2 所示。G17 指令表示选择在 XY 平面内加工，G18 指令表示选择在 ZX 平面内加工，G19 指令表示选择在 YZ 平面内加工。

G17、G18、G19 为模态功能，可相互注销，G17 为默认值。立式数控铣床大都在 XY 平面内加工。

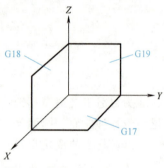

图 3-2 执行 G17、G18、G19 指令所选用的平面

3.2.2 圆弧插补指令 G02/G03

1. 格式

G17　G02/G03　X_Y_I_J_F_;　或　G17　G02/G03　X_Y_R_F_;
G18　G02/G03　X_Z_I_K_F_;　或　G18　G02/G03　X_Z_R_F_;
G19　G02/G03　Y_Z_J_K_F_;　或　G19　G02/G03　Y_Z_R_F_;

2. 说明

1）G17、G18、G19 为圆弧插补平面选择指令，以此来决定加工表面所在的平面，G17 可省略。

2）X、Y、Z 为圆弧切削终点的坐标值（用绝对值坐标或增量坐标均可）。采用相对坐标时，为圆弧终点相对于圆弧起点的增量值（等于圆弧终点的坐标减去圆弧起点的坐标）。

3）I、J、K 分别表示圆弧圆心相对于圆弧起点在 X、Y、Z 轴上的投影增量（等于圆心的坐标减去圆弧起点的坐标），与前面定义的 G90 或 G91 无关。I、J、K 为零时可省略。

4）R 为圆弧半径。

5）F 为圆弧切向的进给速度。

3. 圆弧顺逆的判断

G02 为顺时针圆弧插补指令，G03 为逆时针圆弧插补指令。因加工零件均为立体的，在不同平面上其圆弧切削方向（G02 或 G03）不同，如图 3-3 所示。其判断方法为：在笛卡儿右手直角坐标系中，从垂直于圆弧所在平面轴的正方向往负方向看，顺时针用 G02 指令，逆时针用 G03 指令。

4. 非整圆编程（±R 编程）

用圆弧半径 R 编程时，数控系统为满足插补运算的需要，规定当所插补圆弧对应的圆心角小于或等于 180°时，R 取正值；当圆弧所对应的圆心角大于 180°时，R 取负值。

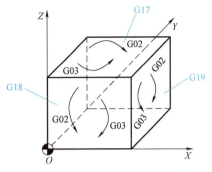

图 3-3　不同平面的 G02 与 G03 选择

如图 3-4 所示，P_0 是圆弧的起点，P_1 是圆弧的终点。对于一个相同数值 R，则有 4 种不同的圆弧通过这两个点，其编程格式如下。

圆弧 1：G02 X_Y_R-_;　　　　　圆弧 2：G02 X_Y_R+_;
圆弧 3：G03 X_Y_R+_;　　　　　圆弧 4：G03 X_Y_R-_;

5. 整圆编程

若用半径 R 编程加工整圆，由于存在无限个解，数控系统将显示圆弧编程出错报警，所以对整圆插补只能用给定的圆心坐标（即 I、J、K）编程，而不能出现半径 R。

【例 3-1】 用 G02/G03 指令对图 3-5 所示圆弧进行编程，设刀具从 A 点开始沿 A→B→C 切削。

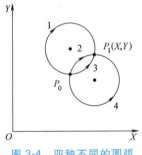

图 3-4　四种不同的圆弧

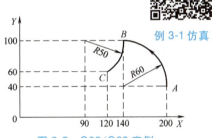

图 3-5　G02/G03 实例

用绝对值尺寸的 G02/G03 指令编程见表 3-1。

表 3-1　G02/G03 指令数控加工程序实例

程序	注释
O0002;	
G54 G90 G00 G17 Z50;	
X200 Y40;	
M03 S600;	
Z5;	安全高度
G01 Z-1 F100;	下刀
G03 X140 Y100 I-60 J0;	铣 AB 弧
G02 X120 Y60 R50;	铣 BC 弧
G00 Z50;	抬刀
X0 Y0;	
M30;	

【例 3-2】 使用 G02、G03 指令对图 3-6 所示的整圆进行编程（刀具中心轨迹编程）。

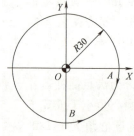

图 3-6 整圆编程

例 3-2 仿真

参考程序见表 3-2。

表 3-2 整圆数控加工程序

以 A 点为起点顺时针一周的程序	以 B 点为起点逆时针一周的程序
O0003;	O0003;
G54 G90 G17 G00 Z50;	G54 G90 G17 G00 Z50;
X30 Y0;	X0 Y-30;
M03 S1000;	M03 S1000;
Z5;	Z5;
G01 Z-2 F150;	G01 Z-2 F150;
G02 I-30;	G03 J30;
G00 Z50;	G00 Z50;
M30;	M30;

任务 3.3 平面圆弧零件的仿真加工

3.3.1 数控程序的导入

数控程序可以在计算机上通过记事本或写字板方式保存为文本格式，然后导入数控系统。

操作方法为：单击"编辑"键和 PROG 键，显示编辑页面；单击"操作"软键，在下级子菜单中单击软键 ▶，再单击 READ 软键；输入程序名 "Ox"，并单击 EXEC 软键；最后单击菜单中的"机床/DNC 传送"命令，在对话框中选择所需的 NC 程序，单击"打开"按钮确认。

数控程序的导入

3.3.2 运行轨迹检查

数控程序输入或导入后，可检查运行轨迹。即在"自动运行"模式下，单击 CUSTOM/GRAPH 键，再单击"循环启动"按钮，通过观察机床执行数控程序时的刀心运动轨迹图形，对程序进行检查。

运行轨迹检查

3.3.3 运行程序时显示画面的切换

在运行程序进行自动加工时，可以通过 MDI 键盘上的 POS 和 PROG 键切换 CRT 屏幕上的显示内容。按下 POS 键，可以通过 CRT 屏幕观察程序运行过程中坐标值（绝对、相对或综合）的实时变化情况以及主轴转速、进给速度等信息，如图 3-7 所示。按下 PROG 键，除了可以观察绝对坐标的实时变化、主轴转速和进给速度等信息外，还可以观察数控程序当前执行的位置以及执行当前程序段时各轴剩余的移动量，如图 3-8 所示。

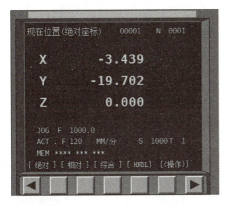

图 3-7 按下 POS 键的显示画面

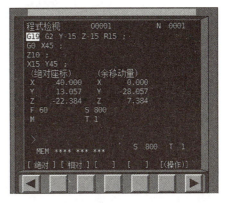

图 3-8 按下 PROG 键的显示画面

3.3.4 剖面图测量

仿真完成后，可以使用软件的"测量"工具检查尺寸是否合格。单击"测量/剖面图测量"菜单，在弹出的对话框中，选择测量平面，调整测量平面位置；测量工具可以选择"内卡"或"外卡"；选择合适的测量方式；然后使用鼠标拖动测量边界线到适当位置，勾选"自动测量"；此时读数即为该方向所测量的尺寸。测量完毕后，单击"退出"按钮。如图 3-9 所示，选择 X-Y 测量平面，使用"外卡"，在水平方向测得工件左右两个 U 型槽之间的距离为 74mm。

剖面图测量

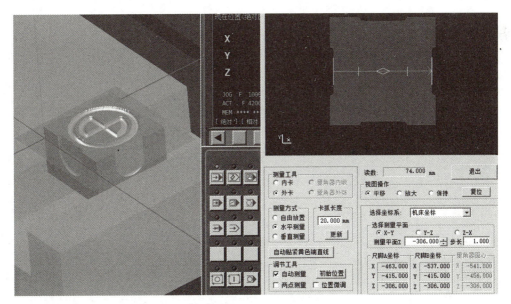

图 3-9 剖面图测量

3.3.5 球头刀的对刀问题

因为球头刀的刀位点在其球心位置,所以在使用球头刀进行 Z 向对刀时,计算过程与刀位点在下端面的平底刀略有不同,需要多计算一个半径值。如,使用直径为 6mm 的球头刀和 1mm 厚度的塞尺进行 Z 向对刀,当塞尺检查结果为合适时,若 CRT 显示器上的 Z 坐标值为 Z_1,则 Z 向对刀结果,即球心到达工件上表面的 Z 向偏置值为:$Z_0 = Z_1 - 1 - 3$。

又因球头刀的刀位点也在其轴线上,所以其 X/Y 向对刀仍然使用刚性靠棒或寻边器正常对刀计算即可。

拓展视野:华中数控——以中国智脑装备中国智造

作为数控机床的"大脑",数控系统涉及计算机、软件、控制、机械和电子等多领域多学科的知识和技术,研发难度大、迭代周期长,中高端产品长期被国外企业垄断。华中数控作为国内中高档数控系统的领跑者之一,近年来不断更新技术、与国际巨头竞争,为国内机床行业转型升级赋能。经过长期科研攻关,华中数控在体系结构、总线、五轴以及多轴多通道等多项关键技术上取得了重大突破,实现了以中国智脑装备中国智造。

扫描右侧二维码观看视频,了解华中数控在超精密加工控制系统的研发上取得的成就。

华中数控——以中国智脑装备中国智造

项目4

外轮廓零件的编程与加工

任务4.1 外轮廓零件的工艺制定

4.1.1 外轮廓零件铣削常用刀具

外轮廓零件通常用立铣刀进行铣削,习惯上用直径表示立铣刀名称。立铣刀通常由3~6个刀齿组成,每个刀齿的主切削刃分布在圆柱面上,呈螺旋线形;副切削刃分布在端面上,用来加工与侧面垂直的底平面。立铣刀的主切削刃和副切削刃可以同时进行切削,也可以分开单独进行切削。立铣刀端面中心没有切削刃,工作时不能沿轴向进给。

立铣刀根据其刀齿数目不同分为粗齿立铣刀、中齿立铣刀和细齿立铣刀三种。粗齿立铣刀刀齿少,强度高,容屑空间大,适于粗加工;细齿立铣刀齿数多,工作平稳,适于精加工;中齿立铣刀的用途介于粗齿立铣刀和细齿立铣刀之间。

4.1.2 铣削外轮廓零件的进、退刀路线选择

1. X、Y向进给路线

当铣削平面零件的外轮廓时,一般采用立铣刀侧刃切削。在刀具切入工件时,应避免沿零件外轮廓的法向切入,而应沿外轮廓曲线延长线的切线方向切入,以免在切入处产生接刀痕。沿切削起始点延伸线(图4-1a)或轮廓切线方向(图4-1b)逐渐切入工件,保证零件曲线的平滑过渡。同样,在切离工件时,也应避免在切削终点处直接抬刀,要沿着切削终点延伸线或轮廓切线方向逐渐切离工件。

2. Z向刀具路线

(1)一次铣至工件轮廓深度 当工件的轮廓深度尺寸不大,在刀具铣削深度范围之内时,可以采用一次下刀至工件轮廓深度完成工件铣削。

一般立铣刀粗铣时一次铣削工件的最大深度即背吃刀量 a_p,以不超过铣刀半径为原则,以防止背吃刀量过大而造成刀具损坏。

如图4-2所示为立铣刀的背吃刀量与侧吃刀量。当侧吃刀量 $a_e < d/2$(d 为铣刀直径)

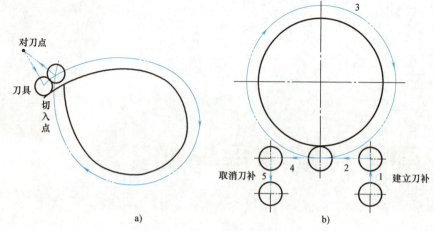

图 4-1 铣削外轮廓的进给路线
a）沿延伸线切入切出　b）沿轮廓切线切入切出

时，取 $a_p=(1/3\sim1/2)d$；当侧吃刀量满足 $d/2\leq a_e<d$ 时，取 $a_p=(1/4\sim1/3)d$；当侧吃刀量 $a_e=d$（即满刀切削）时，取 $a_p=(1/5\sim1/4)d$。当机床的刚性较好，且刀具的直径较大时，a_p 可取得更大。

（2）分层铣至工件轮廓深度　当工件的轮廓深度尺寸较大，刀具不能一次铣至工件轮廓深度时，则需采用在 Z 向分多层依次铣削工件方法，最后铣至工件轮廓深度。

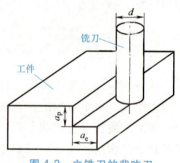

图 4-2 立铣刀的背吃刀量与侧吃刀量

4.1.3 残料的清除方法

1. 采用大直径刀具一次性清除残料

对于无内凹结构且四周余量分布较均匀的外形轮廓，可尽量选用大直径刀具在粗铣时一次性清除所有余量，如图 4-3 所示。

2. 通过增大刀具半径补偿值并分多次清除残料

当使用刀具半径补偿编程时，可通过增大刀具半径补偿值的方式，分几次切削完成残料清除，如图 4-4 所示。此时，刀具会自动偏离工件轮廓一个刀具半径补偿值进行加工，以控制所加工轮廓尺寸的大小。

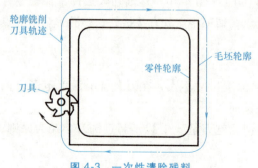

图 4-3 一次性清除残料

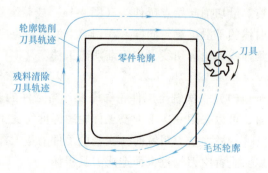

图 4-4 增大刀具半径补偿值并分多次清除残料

3. 采用手动方式清除残料

当零件残料很少时，可将刀具以 MDI 方式下移至相应高度，再转为手动方式清除残料，如图 4-5 所示。

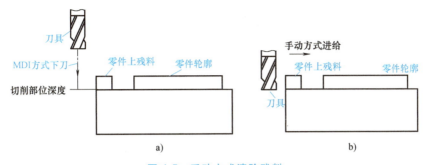

图 4-5　手动方式清除残料

a) MDI 下移刀具到相应高度　b) 手动清除残料

4. 通过增加程序段清除残料

对于一些分散的残料，也可通过在程序中增加新程序段来清除残料，如图 4-6 所示。

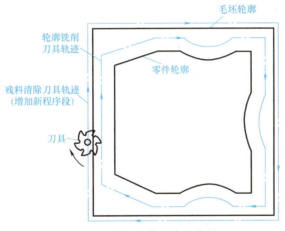

图 4-6　增加程序段清除残料

任务 4.2　外轮廓零件的程序编制

4.2.1　刀具半径补偿指令 G40/G41/G42

1. 刀具半径补偿的目的

在数控铣床上进行轮廓的铣削加工时，由于刀具半径的存在，刀具中心（刀心）轨迹和工件轮廓不重合。如果数控系统不具备刀具半径自动补偿功能，则只能按刀心轨迹进行编程，即在编程时给出刀具中心运动轨迹，其计算相当复杂，尤其是在因刀具磨损、重磨或换新刀而使刀具直径发生变化时，必须重新计算刀心轨迹，修改程序，这样既繁琐，又不易保证加工精度。当数控系统具备刀具半径补偿功能时，数控编程只需按工件轮廓进行，数控系统会自动计算刀心轨迹,使刀具偏离工件轮廓一个半径值,即进行刀具半径补偿。刀具半径补偿仅在指定的二维进给平面内进行,进给平面由 G17、G18 和 G19 指令指定。

2. 刀具半径补偿的方法

铣削加工刀具半径补偿分为刀具半径左补偿(用 G41 指令定义)和刀具半径右补偿(用 G42 指令定义)两类。当不需要进行刀具半径补偿时,则用 G40 指令取消刀具半径补偿。

编程时,使用 D 代码(D01~D99)选择刀补表中对应的半径补偿值。地址 D 所对应的偏置存储器中存入的偏置值通常指刀具半径值。刀具刀号与刀具偏置存储器号可以相同,也可以不同,一般情况下,为防止出错,最好采用相同的刀具刀号与刀具偏置号。

刀具半径补偿的建立有如图 4-7 所示的三种方式。

如图 4-7a 所示方式为先下刀后,再在 X、Y 轴移动中建立半径补偿;如图 4-7b 所示方式为先建立半径补偿后,再下刀到加工深度位置;如图 4-7c 所示方式为 X、Y、Z 三轴同时移动,建立半径补偿后再下刀。一般取消刀具半径补偿的过程与建立过程正好相反。

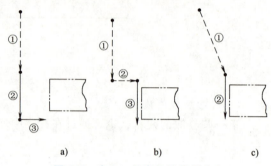

图 4-7 建立刀具半径补偿的方式

3. 刀具半径补偿指令格式

格式:G17 G41/G42 G01 X_Y_F_D_;或 G17 G41/G42 G00 X_Y_D_;

……

G40 G00/G01 X_Y_;

说明:

1) X、Y 为 G00/G01 的参数,即刀补建立或取消的终点坐标。

2) D 为 G41/G42 的参数,即刀补号码(D00~D99),它代表了刀补表中对应的半径补偿值。例如,D01=5,表示刀具偏置号为 01 号,刀具半径补偿值为 5mm。刀具半径补偿值通常为正值,若为负值,则刀补方向相反。

3) G41、G42 指令都是模态代码,可以在程序中保持连续有效。

4) 刀补的取消用 G40 或 D00 来执行(D00 的偏置量永远为 0)。

采用 G41 与 G42 指令的判断方法是:迎着垂直于补偿平面的坐标轴的正方向,沿刀具的移动方向看,当刀具处在切削轮廓的左侧时,称为刀具半径左补偿(简称"左刀补");当刀具处在切削轮廓的右侧时,称为刀具半径右补偿(简称"右刀补"),如图 4-8 所示。

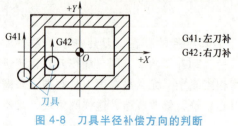

图 4-8 刀具半径补偿方向的判断

刀具半径补偿方向的判断

4. 刀具半径补偿的执行过程

刀具半径补偿的过程如图 4-9 所示，共分为三步，即刀补建立、刀补进行和刀补取消。程序见表 4-1。

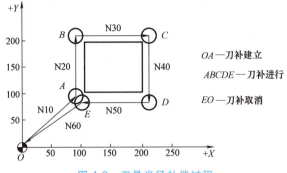

图 4-9　刀具半径补偿过程　　　　　　　　　　　刀具半径补偿过程

表 4-1　刀具半径补偿程序

加工程序	注释
...	
G00 X0 Y0；	快速移动到刀补建立的起点
G41 G01 X100 Y90 F100 D1；	刀补建立
Y200；	刀补进行
X200；	
Y100；	
X90；	
G40 X0 Y0；	刀补取消
...	

（1）刀补建立　刀补的建立是指当刀具从起点接近工件时，刀具中心从与编程轨迹重合过渡到与编程轨迹偏离一个偏置量的过程。该过程的实现必须有 G00 或 G01 指令。

（2）刀补进行　在 G41 或 G42 程序段后，程序进入补偿模式，此时刀具中心与编程轨迹始终相距一个偏置量，直到刀补取消。

（3）刀补取消　刀具离开工件，刀具中心轨迹过渡到与编程轨迹重合的过程称为刀补取消，如图 4-9 中的 EO 程序段。

注意：因为数控系统有预读功能，当执行到某一程序段时，包含该语句的下面两句会被预读。在刀补执行过程中，机床坐标位置（即刀具偏置位置）的确定方法是：将当前执行语句的坐标点与下面两句中最近的、在选定平面内有坐标移动语句的坐标点相连，其连线垂直方向为偏置方向，大小为刀具半径补偿值。

5. 刀具半径补偿使用时的注意事项

1）刀具半径补偿模式的建立与取消程序段只能与 G00 或 G01 指令一起使用，刀具只能在移动过程中建立或取消刀补，且移动的距离应大于刀具半径补偿值。

2）为保证刀补建立与刀补取消时刀具与工件的安全，通常采用 G01 运动方式来建立或取消刀补。如果采用 G00 运动方式来建立或取消刀补，则要采取先建立刀补再下刀和先退刀再取消刀补的编程加工方法。

3)为了防止在刀具半径补偿建立与取消过程中刀具产生过切现象（如图4-10中的 *OM*），刀具半径补偿建立与取消程序段的起始位置与终点位置最好与补偿方向在同一侧（如图4-10中的 *OA*）。建立（取消）刀具半径补偿与下（上）一段刀具补偿进行的运动方向应一致，前后两段指令刀具运动方向的夹角应满足 $90°≤α≤180°$ 的条件。

4)在刀具半径补偿模式下，一般不允许存在连续两段以上的非补偿平面内的移动指令，否则刀具也会出现过切等危险动作。非补偿平面内的移动指令通常指只有G、M、S、F、T代码的程序段（如G90；M05等）、程序暂停程序段（如G04 X10.0等）以及G17（G18、G19）平面内的Z（Y、X）轴移动指令等。

5)从左向右或者从右向左切换补偿方向时，通常要经过取消补偿方式。

6)通常在主轴正转时，用G42指令建立刀具半径右补偿，铣削时对工件产生逆铣效果，常用于粗铣；用G41指令建立刀具半径左补偿，铣削时对工件产生顺铣效果，常用于精铣。

6. 刀具半径补偿的应用

1)当刀具因磨损、重磨或换新刀而引起刀具直径改变时，不必修改程序，只需在刀具参数设置中输入变化后的刀具半径。如图4-11所示，1为未磨损刀具，2为磨损后刀具，两者尺寸不同，只需将刀具参数表中的刀具半径由 r_1 改为 r_2，即可适用同一程序。

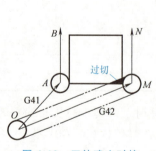

图4-10 刀补建立时的起始与终点位置

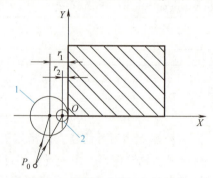

图4-11 刀具直径变化而加工程序不变
1—未磨损刀具 2—磨损后刀具

2)用同一程序、同一尺寸的刀具，利用刀具半径补偿，可进行粗、精加工。如图4-12所示，刀具半径 *r*，精加工余量 Δ。粗加工时，输入刀具半径 $R=r+\Delta$，则加工出细点画线轮廓；精加工时，用同一程序、同一刀具，但输入刀具半径 *r*，则加工出粗实线轮廓。

3)采用同一程序段加工同一公称直径的凹、凸型面。如图4-13所示，对于同一公称直径的凹、凸型面，内、外轮廓编写成同一程序，在加工外轮廓时，将偏置值设为+*D*，刀具中心将沿轮廓的外侧切削；当加工内轮廓时，将偏置值设为 −*D*，这时刀具中心将沿轮廓的内侧切削。这种编程与加工方法在模具加工中运用较多。

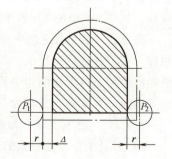

图4-12 利用刀具半径补偿进行粗、精加工
P_1—粗加工刀心位置
P_2—精加工刀心位置

项目4 外轮廓零件的编程与加工

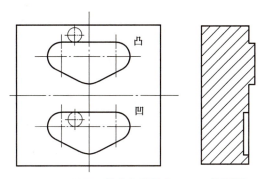

图 4-13 利用刀具半径补偿加工凹、凸型面

【例 4-1】 加工如图 4-14 所示零件凸台的外轮廓,采用刀具半径补偿指令进行编程。

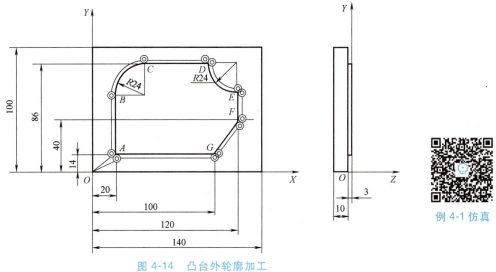

图 4-14 凸台外轮廓加工

采用刀具半径左补偿,参考程序见表 4-2。

表 4-2 凸台外轮廓数控加工程序

程序	注释
O0004;	程序名
G54 G90 G17 G40 G00 Z50;	设工件零点于 O 点,刀具移至初始高度
X0 Y0;	刀具快进至(0,0,50)
M03 S1500;	主轴正转 1500r/min
Z5;	刀具快进至安全高度
G01 Z-3 F50;	刀具以切削进给至深度 3mm 处
G41 X20 Y10 F150 D01;	建立刀具半径左补偿,补偿值存放在 D01
Y62;	直线插补→B
G02 X44 Y86 I24 J0;	圆弧插补 B→C
G01 X96;	直线插补 C→D
G03 X120 Y62 I24 J0;	圆弧插补 D→E
G01 Y40;	直线插补 E→F

(续)

程序	注释
X100 Y14;	直线插补 F→G
X15;	直线插补
G40 X0 Y0;	取消刀具半径补偿→O
G00 Z100;	抬刀
M30;	程序结束

4.2.2 极坐标编程

1. 极坐标指令

格式：G16;
　　　G15;

说明：G16 为极坐标系生效指令，G15 为极坐标系取消指令。

当使用极坐标指令后，坐标值以极坐标方式指定，即以极坐标半径和极坐标角度来确定点的位置。

极坐标半径：当使用 G17、G18、G19 指令选择好加工平面后，用所选平面的第一轴地址来指定。

极坐标角度：用所选平面的第二坐标地址来指定，极坐标的零度方向为第一坐标轴的正方向，逆时针方向为角度方向的正向。

2. 极坐标系原点

极坐标系原点的指定方式有两种，一种是以工件坐标系的零点作为极坐标系原点；另一种是以刀具当前的位置作为极坐标系原点。

当以工件坐标系零点作为极坐标系原点时，用绝对值编程方式来指定。例如，当执行程序段"G90 G17 G16;"时，极坐标半径值是指终点坐标到编程原点的距离；极坐标角度值是指终点坐标与编程原点的连线与 X 轴的夹角，如图 4-15 所示。

当以刀具当前的位置作为极坐标系原点时，用增量值编程方式来指定。例如，当执行程序段"G91 G17 G16;"时，极坐标半径值是指终点到刀具当前位置的距离；极坐标角度值是指前一坐标原点与当前极坐标系原点的连线与当前轨迹的夹角。如图 4-16 所示，在 A 点处进行 G91 方式极坐标编程，则 A 点为当前极坐标系的原点，而前一坐标系的原点为编程原点（O 点），极坐标半径值为当前编程原点到轨迹终点的距离（即图中 AB 线段的长度），极坐标角度值为前一坐标原点与当前极坐标系原点的连线与当前轨迹的夹角（即图中 OA 与 AB 的夹角）。BC 段编程时，B 点为当前极坐标系原点，极坐标角度值与极坐标半径值的确

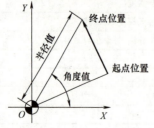

图 4-15　用 G90 指令指定原点

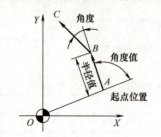

图 4-16　用 G91 指令指定原点

定与 AB 段类似。

3. 极坐标的应用

采用极坐标编程,可以大大减少编程时的计算工作量,因此在编程中得到广泛应用。通常情况下,圆周分布的孔类零件(如法兰类零件)以及图样尺寸以半径与角度形式标示的零件(如铣正多边形的外形),采用极坐标编程较为合适。

【例 4-2】 试用极坐标编程编写如图 4-17 所示的正五边形外形轮廓的数控加工程序。

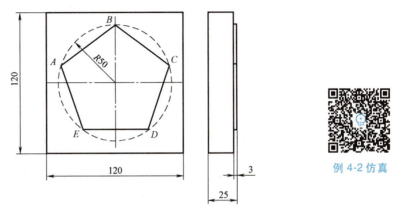

图 4-17 正五边形铣削

参考程序见表 4-3。

表 4-3 正五边形数控加工程序

程序	注释
O0005;	
G54 G90 G17 G15 G40 G00 Z100;	
X-100 Y0;	
M03 S1000;	
Z5;	
G01 Z-3 F100;	
G41 X-60 Y0 D01 F200;	
G90 G17 G16;	设定工件坐标系原点为极坐标系原点
X50 Y162;	极坐标半径为 50,极坐标角度为 162°
Y90;	
Y18;	
Y-54;	
Y-126;	
Y162;	
G15;	取消极坐标编程
Y30;	
G40 X-100;	
G00 Z100;	
M30;	

任务 4.3 外轮廓零件的仿真加工

4.3.1 数控程序管理

数据程序管理见表 4-4。

表 4-4 数控程序管理

序号	操作内容	操作视频二维码	序号	操作内容	操作视频二维码
1	显示数控程序目录		3	删除一个数控程序	
2	选择一个数控程序		4	删除全部数控程序	

4.3.2 中断运行

数控程序在运行过程中可根据需要暂停、停止、急停或重新运行，操作方法如下。

1）当数控程序在运行时，按"暂停"键 ◎，程序停止执行；再单击"循环启动"键，程序从暂停位置开始执行。

2）当数控程序在运行时，按"停止"键 ◎，程序停止执行；再单击"循环启动"键，程序从开头重新执行。

3）当数控程序在运行时，按下"急停"按钮，数控程序中断运行；需继续运行时，要先将"急停"按钮松开，再按"循环启动"按钮，余下的数控程序从中断行开始作为一个独立的程序执行。

自动单段运行

4.3.3 自动单段运行

单击操作面板上的"单节"按钮 ▣，系统进入单段运行状态。每按一下"循环启动"键，系统就运行一个程序段，如此反复操作。在首件试切时，常采用这种加工模式。

4.3.4 刀具半径补偿参数的设定

按下 MDI 键盘的参数设置键 OFFSET SETTING，进入刀具补偿设置界面；用方位键将光标移至相应番号（刀补号）的形状（D）位置；输入刀具半径补偿参数，单击软键"输入"或按 INPUT 键，输入参数到指定区域，如图 4-18 所示。

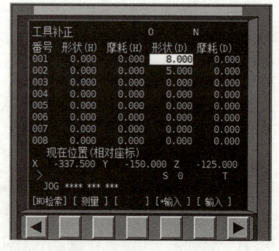

图 4-18 设置刀具半径补偿值

任务 4.4 外轮廓零件的实操加工

4.4.1 加工过程中切削参数的调整

如果在加工过程中，主轴转速、进给速度不理想，可以通过操作面板上的主轴转速与进给速度的修调旋钮进行调整。当刀具在工件上方直接下刀切入时,刀具接触工件前可调节进给倍率开关使下刀速度降低,以避免吃刀一刹那由于速度过快而引起断刀的问题。

4.4.2 修正零件尺寸的方法

在数控铣床上加工完零件,如果发现零件尺寸不符合图样要求,且工件还存在加工余量时,可通过以下三种方法来修正零件尺寸。

(1) 修改程序　适用于单件生产,零件各个部位的尺寸大/小多少,把程序里的尺寸直接减去/加上多少即可。修改后的尺寸=原程序尺寸+(图样尺寸-实际尺寸)。

(2) 修改工件坐标系原点位置　适用于零件各个位置尺寸差值相同的情况。如在立式铣床上加工零件的厚度尺寸都大了 0.1mm,则可将工件坐标系原点 Z 坐标值减去 0.1mm,再执行一遍加工程序即可。

(3) 修改刀补　在实际加工中,通过修改刀补来修正零件尺寸的方法使用较多。同一把刀具加工的零件外形轮廓尺寸(单边尺寸)比图样尺寸大多少,刀具半径补偿值就可以减小多少。零件厚度尺寸比图样尺寸大/小多少,刀具长度补偿值就可以减小/增大多少。

助力复兴　科技报国

科技兴则民族兴,科技强则国家强。党的二十大报告强调,必须坚持科技是第一生产力、人才是第一资源、创新是第一动力。科技作为全面建设社会主义现代化国家的基础性、战略性支撑之一,其发展对国家富强与民族复兴具有非常重要的意义。在 5000 多年的中华文明历史长河中,中华民族创造了许多闻名于世的科技成果。从指南针、造纸术、火药和印刷术的发明,到"两弹一星"、超级杂交水稻、探月工程和"北斗"导航等工程技术成果,中国正在建设世界科技大国的道路上坚实前行,而这一切都离不开科学家对科技报国初心和使命的自觉践行。

李四光从学造船到学采矿,再转到学地质,既帮助我国摘掉了"贫油"的帽子,也为我国原子弹和氢弹的研制做出了突出贡献。黄大年毅然放弃国外的优越条件回到祖国,刻苦钻研、勇于创新,带领团队在航空地球物理领域取得一系列成就,填补了多项国内技术空白,也源于对祖国的热爱……

找一找在你的专业领域还有哪些科技报国,追求卓越,不忘初心的案例。

项目 5

内轮廓零件的编程与加工

任务 5.1 内轮廓零件的工艺制定

5.1.1 内轮廓零件铣削常用刀具

1. 刀具类型的选择

在内轮廓零件的加工中,如果没有预留(或加工出)孔,一般用键槽铣刀进行加工。但是因为键槽铣刀一般为两刃刀具,比立铣刀的切削刃要少,所以在主轴转速相同的情况下,其进给速度应比立铣刀进给速度小。

2. 刀具直径的选择

在使用键槽铣刀加工内轮廓零件时,铣削拐角的铣刀半径必须小于或等于拐角处的圆角半径,否则将出现过切或切削不足现象,如图5-1所示。

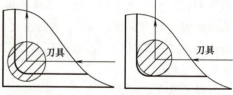

图 5-1 过切或切削不足现象

在铣削内轮廓零件时,受工件内腔狭窄、内廓形连接凹圆弧 r_{min} 较小等因素的限制,会将刀具限制为细长形状,使其刚度降低。为解决这一问题,通常采取直径大小不同的两把铣刀分别进行粗、精加工。这时因粗铣铣刀直径过大,粗铣后在连接凹圆弧处的铣削半径值过大,精铣时再用直径为 $2r_{min}$ 的铣刀铣去留下的死角。

5.1.2 内轮廓零件铣削的下刀方式

在铣削封闭型腔时需要根据加工要求及条件合理选择下刀方式。

(1)垂直下刀 采用键槽铣刀直接垂直下刀并进行切削的方式,或先采用键槽铣刀(或钻头)垂直进给,预钻起始孔后,再换多刃立铣刀加工型腔,如图5-2所示。这种方法编程简单,但是由于垂直下刀切削时,刀具中心的切削速度为零,因此应选择较低

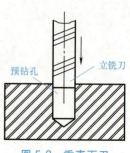

图 5-2 垂直下刀

的切削速度。

(2) 斜线下刀　刀具以斜线方式切入工件来达到 Z 向进给的目的，也称坡走下刀。斜线下刀能够改善切削条件，提高刀具使用寿命，广泛应用于大尺寸的型腔开粗，如图 5-3 所示。

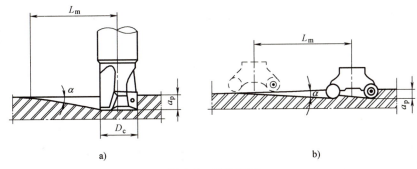

图 5-3　斜线下刀

a）利用立铣刀坡走铣　b）利用圆鼻刀坡走铣

(3) 螺旋下刀　在主轴的轴向采用三轴联动螺旋圆弧插补开孔，如图 5-4 所示。采用这种下刀方式，容易实现 Z 向进给与轮廓加工的自然平滑过渡，不会产生加工过程中的刀具接痕。同时，切削过程稳定，且下刀时空间小，非常适合小功率机床和窄深型腔的加工。

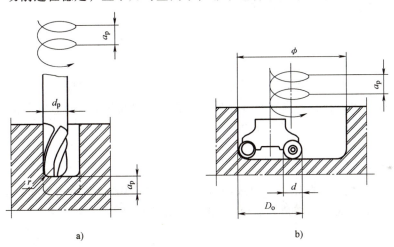

图 5-4　螺旋下刀

a）利用立铣刀螺旋下刀　b）利用圆鼻刀螺旋下刀

5.1.3　铣削内轮廓零件的进、退刀路线选择

铣削封闭的内轮廓表面同铣削外轮廓一样，刀具同样不能沿着轮廓曲线的法向切入和切出。此时，刀具可以沿一过渡圆弧切入、切出工件轮廓。如图 5-5 所示，为铣削内圆的进给路线。图中 R_1 为零件圆弧轮廓半径，R_2 为过渡圆弧半径。

5.1.4　型腔铣削的进给路线

在铣削型腔时，一般有如图 5-6 所示的三种进给路线。

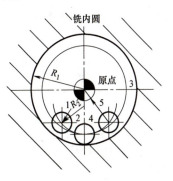

图 5-5　封闭内轮廓的进退刀路线

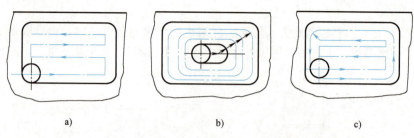

图 5-6 铣削型腔的进给路线
a）行切法 b）环切法 c）先行切再环切法

行切法是指刀具在型腔中往复切削，该方法的刀具路径较短，刀位点计算简单，但是在每两次进给的起点与终点间会留下残留面积而达不到所要求的表面粗糙度值。

环切法是指刀具在型腔中环绕切削，逐次向外扩展轮廓线，轮廓无残留，表面粗糙度值小，但是刀具路径较长，刀位点计算较为复杂。

先行切再环切法综合了前两种方法的优点，先用行切法切去中间部分余量，再用环切法切一刀，这样，既能使总的进给路线较短，又能获得较小的表面粗糙度值。

任务 5.2　内轮廓零件的程序编制

5.2.1　轮廓倒角和倒圆

在铣削零件轮廓时，经常会需要对轮廓的某个角进行倒角或倒圆角处理。FANUC 0i 及以上版本的数控系统，在直线插补与圆弧插补任意组合的程序段之间可以自动地插入倒角及倒圆角过渡程序段。

1. 轮廓倒角

格式：G01 X_Y_，C_F_；

说明：X_Y_为倒角处两轮廓（直线与直线、直线与圆弧、圆弧与圆弧）之间虚拟交点的坐标。C_为从虚拟交点到拐角起点或终点的距离，如图 5-7 所示。

2. 轮廓倒圆

格式：G01 X_Y_，R_F_；

说明：X_Y_为倒圆处两轮廓之间虚拟交点的坐标。R_为倒圆部分的圆弧半径，该圆弧与两轮廓相切，如图 5-8 所示。

图 5-7　轮廓倒角　　　　　　　　　　　图 5-8　轮廓倒圆

5.2.2 子程序的应用

1. 子程序的概念

（1）子程序的定义　机床的加工程序可以分为主程序和子程序两种。主程序是一个完整的零件加工程序，或是零件加工程序的主体部分。它与被加工零件或加工要求一一对应，不同的零件或不同的加工要求都有唯一的主程序。

在编制加工程序时，有时会遇到一组程序段在一个程序中多次出现，或者在几个程序中都要使用它。这个典型的加工程序可以做成固定程序，并单独加以命名，称为子程序。

子程序一般都不可以作为独立的加工程序使用，它只能通过主程序进行调用，实现加工中的局部动作。子程序执行结束后，能自动返回到调用它的主程序中。

（2）子程序的嵌套　为了进一步简化加工程序，可以允许其子程序再调用另一个子程序，这一功能称为子程序的嵌套。当主程序调用子程序时，该程序被认为是一级子程序，FANUC 0i 系统中的子程序允许 4 级嵌套，如图 5-9 所示。

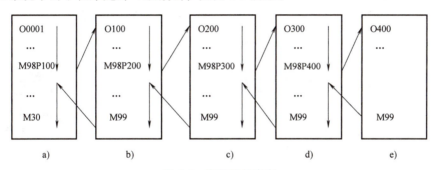

图 5-9　子程序的嵌套

a）主程序　b）一级嵌套　c）二级嵌套　d）三级嵌套　e）四级嵌套

2. 子程序的格式

在大多数数控系统中，子程序和主程序并无本质区别。子程序和主程序在程序号及程序内容方面基本相同，仅结束标记不同。主程序用 M30 表示结束，而子程序在 FANUC 0i 系统中用 M99 表示结束，并自动返回主程序。

3. 子程序的调用

在 FANUC 0i 系统中，子程序的调用可通过辅助功能指令 M98 进行，同时在调用格式中将子程序的程序号地址改为 P，其常用的子程序调用格式有以下两种。

格式一：M98 P_ _ _ _　L_ _ _ _

其中，地址符 P 后面的 4 位数字为子程序号，地址 L 后面的数字表示重复调用的次数。子程序号及调用次数前的 0 可以省略不写，如指令"M98 P100 L5;"，表示调用 O0100 子程序 5 次。如果只调用子程序一次，则地址 L 及其后面的数字可省略，如指令"M98 P100;"，表示调用 O0100 子程序 1 次。

格式二：M98 P_ _ _ _ _ _ _ _

地址 P 后面的 8 位数字中，前 4 位表示调用次数，后 4 位表示子程序号。当调用次数大于 1 时，调用次数前的 0 可以省略不写，但是子程序号前的 0 不可以省略，如指令"M98 P50010;"，表示调用 O0010 子程序 5 次。当只调用 1 次时，可以省略次数，此时子程序号前面的 0 也可以省略，如指令 "M98 P10；"，表示调用 O0010 子程序 1 次。

4. 编写子程序时的注意事项

1）在编写子程序的过程中，有时应采用增量坐标方式进行编程，以避免失误。

2）在程序中刀具半径补偿不能被子程序分隔，正确书写格式如下：

O1；（主程序）	O2；（子程序）
……	G41……
M98 P2；	……
……	G40……
M30；	M99；

5. 子程序的应用

（1）在同一平面内完成多个相同轮廓的加工　在一次装夹中若要完成多个相同轮廓形状工件的加工，则编程时只编写一个轮廓形状加工程序，然后用主程序来调用子程序。

【例 5-1】 如图 5-10 所示，零件毛坯尺寸为 150mm×50mm×20mm，材料为铝，刀具选用 φ12 的立铣刀，试用子程序编程加工 3 个 30mm×30mm×5mm 的凸台。

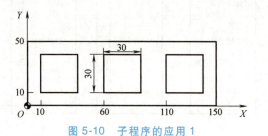

图 5-10 子程序的应用 1

例 5-1 仿真

参考程序见表 5-1 和表 5-2。

表 5-1 子程序的应用一的数控加工主程序

程序	注释
O0006；	主程序名
G54 G90 G17 G40 G00 Z50；	
X0 Y0；	
M03 S1000；	
Z5；	
G01 Z-5 F100；	
M98 P30100；	调用 O0100 子程序 3 次
G90 G00 Z100；	
M30；	

表 5-2 子程序的应用一的数控加工子程序

程序	注释
O0100；	子程序名
G91 G41 X10 Y8 D01；	相对坐标编程
Y32；	
X30；	
Y-30；	
X-32；	
G40 X-8 Y-10；	
X50；	
M99；	

（2）实现零件的分层切削　有时零件在某个方向上的总切削深度比较大，要进行分层切削，则编写该轮廓加工的刀具轨迹子程序后，通过调用该子程序来实现分层切削。

【例5-2】　在数控立式铣床上加工如图5-11所示零件的凸台外形轮廓，Z轴分层切削，每次背吃刀量为3mm，试编写凸台外形轮廓加工程序。

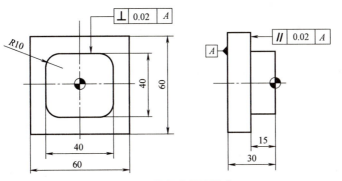

图5-11　子程序的应用2

例5-2仿真

参考程序见表5-3、表5-4。

表5-3　子程序的应用二的数控加工主程序

程序	注释
O0007;	主程序名
G54 G90 G17 G40 G00 Z50;	
X-40 Y-40;	
M03 S600;	
Z10;	
G01 Z0 F100;	
M98 P50200;	调用O0200子程序5次
G00 Z100;	
M30;	

表5-4　子程序的应用二的数控加工子程序

程序	注释
O0200;	子程序名
G91 G01 Z-3;	相对坐标编程
G90 G41 G01 X-20 Y-20 D01 F200;	
Y20,R10;	
X20,R10;	
Y-20,R10;	
X-20,R10;	
Y-8;	沿着刀具前进方向移动一小段距离，以完成R圆角的铣削加工
G40 X-40;	
G00 Y-40;	
M99;	

（3）实现程序的优化　数控铣削加工往往包含许多独立的工序，为了优化加工顺序，

把每一个独立的工序编成一个子程序，主程序只有换刀和调用子程序的命令，从而实现了优化程序的目的。

5.2.3 可编程镜像指令 G51/G50

可编程镜像指令可以实现沿某一坐标轴或某一坐标点的对称加工。在 FANUC 0i 数控系统中，可采用镜像功能指令 G51 或 G51.1 来实现镜像加工，以简化编程。

1. 指令格式

（1）格式一：G17 G51.1 X_Y_;
　　　　　　　G50.1 X_Y_;

格式中的 X、Y 值用于指定对称轴或对称点。当 G51.1 指令后仅有一个坐标字时，表示该镜像是以某一坐标轴为镜像轴的。例如"G51.1 X10;"，表示以某一轴线为对称轴，该轴线与 Y 轴平行，且与 X 轴在 X=10 处相交。当 G51.1 指令后有两个坐标字时，表示该镜像是以某一点作为对称点进行镜像。例如"G51.1 X10 Y15;"，表示对称点为（10, 15）。

"G50.1 X_Y_;"表示取消镜像。

（2）格式二：G17 G51 X_Y_I_J_;
　　　　　　　G50;

使用此种格式进行镜像时，指令中需要镜像的坐标轴对应的 I、J 值一定是负值。例如，执行"G17 G51 X10 Y10 I-1000 J-1000;"时，程序以对称点（10, 10）进行镜像。

"G50;"表示取消镜像。

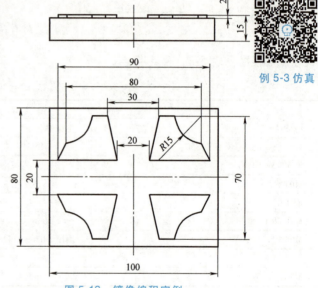

图 5-12 镜像编程实例

2. 镜像编程实例

【例 5-3】 试用镜像指令编写如图 5-12 所示轮廓的加工程序。

参考程序见表 5-5、表 5-6。

表 5-5 镜像编程实例的数控加工主程序

程序	注释
O0008;	主程序名
G54 G90 G50 G00 Z50;	
X0 Y0;	
M03 S800;	
Z5;	
G01 Z-2 F200;	
M98 P300;	铣削第一象限轮廓
G51 X0 Y0 I-1000 J1000;	Y 轴镜像，得到第二象限图形
M98 P300;	
G51 X0 Y0 I-1000 J-1000;	X、Y 轴均镜像，得到第三象限图形

(续)

程序	注释
M98 P300;	
G51 X0 Y0 I1000 J-1000;	X 轴镜像,得到第四象限图形
M98 P300;	
G50;	
G00 Z100;	
X50 Y50;	
M30;	

表 5-6 镜像编程实例的数控加工子程序

程序	注释
O0300;	子程序名
G41 X10 Y8 D01;	
Y10;	
X15 Y35;	
X25;	
G03 X40 Y20 R15;	
G01 X45 Y10;	
X8;	
G40 X0 Y0;	
M99;	

3. 镜像编程的说明

1) 当在指定平面内以某一轴线为镜像轴时,如果程序中有刀具半径补偿指令,则刀具半径补偿的偏置方向相反,即顺、逆铣发生改变。

2) 当在指定平面内执行镜像指令时,如果程序中有坐标系旋转指令,则坐标系旋转方向相反。即顺时针变成逆时针,逆时针变成顺时针。

3) 在可编程镜像方式中,不能指定返回参考点指令(G27、G28、G29、G30)和改变坐标系指令(G54~G59、G92)。如果要指定其中的某一个,则必须在取消可编程镜像后指定。

5.2.4 坐标系旋转指令 G68/G69

对于某些围绕中心旋转得到的特殊轮廓的加工,如果根据旋转后的实际加工轨迹进行编程,就有可能使坐标计算的工作量大大增加,而通过坐标系旋转功能,可以大大简化编程的工作量。

1. 指令格式

G17 G68 X_Y_R_;

  G69;

其中,G68 表示坐标系旋转生效,G69 表示坐标系旋转取消。格式中的 X、Y 值用于指定坐标系旋转的中心,R 表示坐标系旋转的角度,该角度一般取 0~360°的正值,旋转角度的零度方向为第一坐标轴的正方向,逆时针方向为角度的正向。不足 1°的角度以小数点表示。例如,"G68 X15 Y20 R30;"表示图形以坐标点(15,20)作为旋转中心,逆时针旋转 30°。

2. 旋转编程指令编程实例

【例 5-4】 使用坐标系旋转指令编制如图 5-13 所示轮廓的加工程序，切削深度为 2mm。

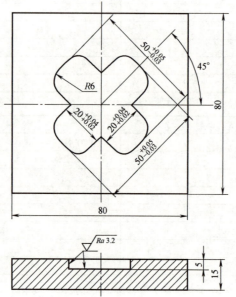

例 5-4 仿真

图 5-13 坐标系旋转指令编程实例

参考程序见表 5-7。

表 5-7 坐标系旋转指令编程实例的数控加工程序

主程序	子程序
O0009;	O0400;
G54 G90 G17 G40 G69 G00 Z50;	G41 G01 X0 Y−10 D01;
X60 Y0;	X25,R6;
M03 S1000;	Y10,R6;
Z10;	G01 X0;
X0 Y0;	G40 Y0;
G01 Z−2 F60;	M99;
G68 X0 Y0 R45;	
M98 P400;	
G68 X0 Y0 R135;	
M98 P400;	
G68 X0 Y0 R225;	
M98 P400;	
G68 X0 Y0 R−45;	
M98 P400;	
G69;	
G00 Z50;	
X100 Y100;	
M30;	

3. 坐标系旋转编程说明

1）在坐标系旋转取消指令（G69）以后的第一个移动指令必须用绝对值指定。如果采用增量值指令，则不执行正确的移动。

2）数控系统中数据处理的顺序是先执行程序镜像，再执行坐标系旋转。所以在指定这些指令时，应按顺序指定，取消时，按相反顺序取消。

3）在坐标系旋转方式中，不能指定返回参考点指令（G27、G28、G29、G30）和改变坐标系指令（G54~G59、G92）。如果要指定其中的某一个，则必须在取消坐标系旋转后指定。

5.2.5　局部坐标系指令 G52

在数控编程中，为了方便编程，有时需要给程序选择一个新的参考，通常是将工件坐标系偏移一个距离。在 FANUC 0i 系统中，通过 G52 指令来实现。

指令格式：G52 X_Y_Z_；
　　　　　G52 X0 Y0 Z0；

其中，G52 为设定局部坐标系的指令，该坐标系的参考基准是当前设定的有效工件坐标系的原点，即使用 G54~G59 设定的工件坐标系。

X_Y_Z_ 为局部坐标系的原点在原工件坐标系中的位置，该值用绝对坐标值加以指定。如，"G54；G52 X20 Y20 Z0；"表示设定一个新的工件坐标系，该坐标系原点位于原工件坐标系的（20，20，0）位置。

"G52 X0 Y0 Z0；"表示取消局部坐标系，其实质是将局部坐标系仍设定在原工件坐标系原点处。

任务 5.3　内轮廓零件的仿真加工

5.3.1　多把刀对刀的问题

当一个工件的加工需要用到多把刀时，因为各刀具的直径和长度不同，若使用同一个工件坐标系进行编程可能会出现过切或少切的问题。为避免这种情况的发生，可以给每把刀具分别设置一个工件坐标系指令，如 1 号刀使用 G54 指令，2 号刀使用 G55 指令。在对刀时，每把刀具需分别对刀并设定工件坐标系数值，编程时分别调用，如图 5-14 所示。

注意：在对刀计算工件坐标系数值时，应该观察 POS 界面的机械坐标，该坐标值为机床坐标系下的数值。

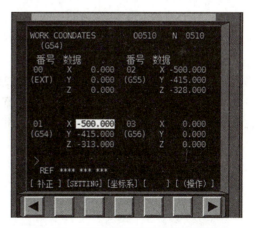

图 5-14　多把刀对刀的工件坐标系设定

5.3.2　数控程序的导出

经仿真验证无误的数控程序可以经仿真软件导出为 ".NC" 格式的文件，该文件可用记事本打开。

首先进入编辑状态，按操作软键，然后在下级子菜单中按软键 ▶，

数控程序的导出

再按 Punch 软键，在弹出的对话框中输入文件名、选择文件类型和保存路径，按"保存"按钮可将仿真系统中的数控程序导出。

5.3.3　保存项目文件

仿真操作时，为了减少重复性工作，可将一些设置及加工零件的操作结果以项目文件的形式保存起来，其扩展名为".MAC"。项目文件的内容包括：机床、毛坯、经过加工的零件、选用的刀具和夹具、在机床上的装夹位置和方式、工件坐标系、刀具长度和半径补偿数据、输入的数控程序等。

保存项目时，系统自动以用户设定的文件名建立一个文件夹，内容都放在该文件夹中，默认保存在用户工作目录相应的机床系统文件夹内。

任务 5.4　内轮廓零件的实操加工

5.4.1　寻边器

寻边器是数控加工中使用较多的一种对刀工具，用于零件的 X、Y 向对刀，其对刀精度高，不会损伤工件表面。常见的寻边器有光电式寻边器和偏心式寻边器两种。

1. 光电式寻边器

光电式寻边器一般由柄部和触头组成，如图 5-15 所示。使用光电式寻边器对刀时，将其通过刀柄安装到机床主轴上，通过机床手轮控制其缓慢向工件侧面靠近，逐步降低进给倍率，直到触头与工件表面接触，指示灯刚好亮起，此时即可计算工件坐标系。

2. 偏心式寻边器

偏心式寻边器由夹持部分和测量部分组成，两者之间使用弹簧拉紧，如图 5-16 所示。夹持部分随主轴旋转时，测量部分会随之摆动。

使用偏心式寻边器对刀时，将其夹持部分通过刀柄安装到机床主轴上，在 MDI 模式下输入指令使寻边器旋转起来（转速一般为 350~400r/min），通过机床手轮控制其测头接近工件表面，当测头接触到工件表面后，偏心部分逐渐与夹持部分同心旋转，控制寻边器移动，在测头再次偏心的瞬间停止移动寻边器，此时即可计算工件坐标系。

图 5-15　光电式寻边器

图 5-16　偏心式寻边器

当使用寻边器对工件原点在上（下）表面中心的工件进行对刀时，常采用双边对刀法（分中对刀），即首先在 X 轴上选定工件一边为零，再选另一边得出数值，取其一半为 X 轴中点，然后按同样方法找出 Y 轴原点，这样工件在 XY 平面的中心就得到了确定。

实际操作时,可利用机床的坐标"归零"、"测量"等功能,简化计算过程。以使用偏心式寻边器进行 X 向对刀为例,其对刀过程如下。

1)把寻边器安装到主轴上。

2)在 MDI 模式下输入程序段"M03 S400;",按下"循环启动"按钮。注意,使用寻边器对刀时,主轴转速不能太快,以免因离心力太大而导致测量头被甩出。

3)选择手轮工作模式,使用手轮使寻边器逐渐靠近工件左侧面,直到其夹持部分与测量部分同轴旋转。

4)按下 POS 键,找到相对坐标,输入 X,单击软件"归零",将 X 轴归零。

5)抬起寻边器,移动到零件右侧,并靠近零件,直到夹持部分与测量部分同轴。

寻边器对刀

6)显示的 X 相对坐标为寻边器两次对刀位置的距离,该数值的一半即为工件 X 方向的中心,将该数值除以 2(结果记为 P_0),在 G54 中的"X"位置输入 XP_0,注意数值前面要加"X",单击"测量",此时 G54 的"X"位置显示一个新的数值,就是工件坐标系的 X 坐标值。

同理,可以对 Y 方向进行对刀。注意设定 Y 数值时,前面要加"Y",然后单击"测量"。

5.4.2 Z 轴设定器

Z 轴设定器用于零件的 Z 向对刀,对刀精度高,主要有光电式 Z 轴设定器和指针式 Z 轴设定器两种类型,如图 5-17、图 5-18 所示。使用时,将加工需要使用的刀具安装到主轴,通过光电指示或指针判断刀具与 Z 轴设定器上表面是否接触,对刀时主轴不能旋转。Z 轴设定器高度一般为 50mm 或 100mm,当刀具与 Z 轴设定器刚好接触时,在 G54 中输入"Z50"或"Z100",单击"测量"按钮,即完成 Z 轴对刀。

图 5-17 光电式 Z 轴设定器

图 5-18 指针式 Z 轴设定器

Z 轴设定器对刀

车间生产安全警示语

1. 安全规程系生命,自觉遵守是保障。
2. 事故出于麻痹,安全来于警惕。
3. 小心无大错,粗心铸大过。
4. 安全不离口,规章不离手。
5. 处处预防事故,时时注意安全。
6. 无事勤提防,遇事稳如山。

项目6

孔类零件的编程与加工

任务 6.1 孔类零件的工艺制定

6.1.1 孔加工常用刀具

孔加工时常用的刀具主要有钻孔刀具、扩孔刀具、铰孔刀具和镗孔刀具等。

1. 钻孔刀具

钻孔刀具一般用于扩孔、铰孔前的粗加工以及加工螺纹底孔。数控铣床常用的钻孔刀具有麻花钻、中心孔钻和可转位浅孔钻等。

（1）麻花钻（图6-1） 麻花钻是钻孔最常用的刀具，一般用高速钢制造。在结构上，高速钢麻花钻由工作部分、柄部和颈部三部分组成。柄部用以夹持刀具。麻花钻的工作部分由切削部分和导向部分组成，前者担负主要的切削工作，后者起导向、修光和排屑的作用，也是钻头重磨的储备部分。钻孔精度一般在 IT12 左右，表面粗糙度为 $Ra12.5\mu m$。

（2）中心孔钻（图6-2） 中心孔钻是专门用于加工中心孔的钻头。由于麻花钻的横刃具有一定的长度，引钻时不易定心，加工时钻头旋转轴线不稳定，因此需要利用中心孔钻在平面上先预钻一个凹坑，便于钻头钻入时定心。由于中心孔钻的直径较小，所以加工时主轴转速应不得低于 1000r/min。

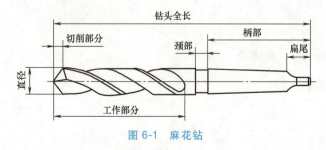

图 6-1 麻花钻

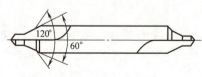

图 6-2 中心孔钻

2. 扩孔刀具

扩孔是对已钻出、铸（锻）出或冲出的孔的进一步加工，可用于孔的终加工，也可作为铰孔或磨孔的预加工。数控机床上扩孔多采用扩孔钻加工,也可以采用立铣刀或镗刀扩孔。

扩孔钻的切削刃较多,一般为3~4个切削刃,切削导向性好。如图6-3所示。扩孔钻扩孔的加工余量一般为2~4mm,加工质量和生产率均优于钻孔。扩孔对于预制孔的形状误差和轴线的歪斜有修正能力,其加工精度可达IT10,表面粗糙度为$Ra6.3 \sim 3.2 \mu m$。

3. 铰孔刀具

铰孔刀具可对已加工孔进行微量切削。其合理的切削用量为:背吃刀量取为铰削余量(粗铰余量为0.15~0.35mm,精铰余量为0.05~0.15mm),采用低速切削(粗铰钢件为5~7m/min,精铰为2~5m/min),进给量一般为0.2~1.2mm/r,进给量太小会产生打滑和啃刮现象。铰孔是一种孔的半精加工和精加工方法,其加工精度为IT9~IT6,表面粗糙度为$Ra1.6 \sim 0.4 \mu m$。但铰孔不能修正孔的位置误差,所以在铰孔之前,孔的位置精度应该由上一道工序保证。

铰刀由工作部分、颈部和柄部组成,工作部分(即切削刃部分)又分为切削部分和校准部分。如图6-4所示。

4. 镗孔刀具

镗孔是使用镗刀对已钻出的孔或毛坯孔进一步加工的方法。镗刀的通用性较强,可以粗加工、精加工不同尺寸的孔,也可以镗通孔、不通孔、阶梯孔,以及镗削同轴孔系、平行孔系等。粗镗孔的精度为IT13~IT11,表面粗糙度为$Ra12.5 \sim 6.3 \mu m$;半精镗的精度为IT10~IT9,表面粗糙度为$Ra3.2 \sim 1.6 \mu m$;精镗的精度可达IT6,表面粗糙度为$Ra0.4 \sim 0.1 \mu m$。镗孔刀具有修正形状误差和位置误差的能力。常用的镗刀有单刃镗刀、双刃镗刀和微调镗刀等。如图6-5所示。

图6-3 扩孔钻

图6-4 铰刀

图6-5 镗刀

6.1.2 孔加工切削参数的确定

孔加工切削参数是加工过程中重要的组成部分,合理地选择切削参数,不但可以提高切削效率,还可以提高零件的表面质量。影响切削参数的因素有:机床的刚度、刀具的材质、工件的材料和切削液等。钻孔进给量可参考表6-1进行选取。

表6-1 钻孔进给量 (单位:mm/r)

工件材料	牌号	钻头直径/mm			
		1~6	6~12	12~22	22~50
铸铁	HT150	0.07~0.12	0.12~0.2	0.2~0.4	0.4~0.8
	HT200	0.05~0.1	0.1~0.18	0.18~0.25	0.25~0.4
	HT300	0.03~0.08	0.08~0.15	0.15~0.2	0.2~0.3

(续)

工件材料	牌号	钻头直径/mm			
		1~6	6~12	12~22	22~50
钢	35钢、45钢	0.05~0.1	0.1~0.2	0.2~0.3	0.3~0.45
有色金属	铝合金	0.03~0.08	0.08~0.25	0.1~0.6	0.2~1.0

6.1.3 孔加工路线的确定

1. 孔加工导入量与超越量

孔加工导入量是指在孔加工过程中，刀具自快进转为工进时，刀尖点位置与孔上表面之间的距离，如图 6-6 所示的 ΔZ。

孔加工导入量的具体值由工件表面的尺寸变化量确定，一般情况下取 2~10mm。当孔上表面为已加工表面时，导入量取较小值（约 2~5mm）。

对于孔加工的超越量（如图 6-6 所示的 $\Delta Z'$），当钻不通孔时，超越量大于等于钻尖高度 Z_p（$Z_p \approx 0.3D$）；镗通孔时，刀具超越量取 1~3mm；铰通孔时，刀具超越量取 3~5mm；钻通孔时，超越量等于 $Z_p+(1~3)$mm。

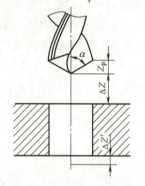

图 6-6 孔加工导入量与超越量

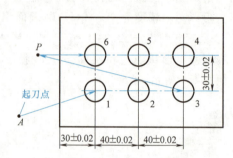

图 6-7 孔系加工路线

2. 相互位置精度高的孔系的加工路线

对于位置精度要求较高的孔系的加工，要特别注意孔的加工顺序的安排，避免将坐标轴的反向间隙带入，影响位置精度。

如图 6-7 所示的孔系加工，若按 $A \to 1 \to 2 \to 3 \to 4 \to 5 \to 6 \to P$ 的顺序安排加工走刀路线，在加工 5、6 孔时，X 方向的反向间隙会使定位误差增加，而影响 5、6 孔与其他孔的位置精度。而采用 $A \to 1 \to 2 \to 3 \to P \to 6 \to 5 \to 4$ 的顺序安排走刀路线，可避免反向间隙的引入，提高 5、6 孔与其他孔的位置精度。

3. 孔系加工采用最短加工路线，提高效率

如图 6-8 所示为最短加工路线选择示例。按照一般习惯，总是先加工均布于同一圆周上的一圈孔后，再加工另一圈孔（图 6-8a），但这不是最好的进给路线。若按如图 6-8b 所示的进给路线加工，可使各孔间距的总和最小，进给路线最短，减少刀具空行程时间，从而节省定位时间。

6.1.4 加工中心

因为加工孔时往往需要用到很多把刀具，所以常使用加工中心进行加工。加工中心机床

项目6 孔类零件的编程与加工

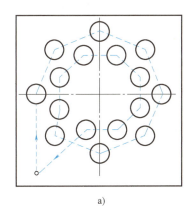 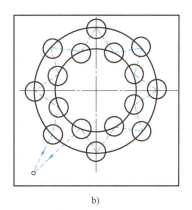

图 6-8 最短加工路线选择示例
a）方案差 b）方案好

又称多工序自动换刀数控机床，这里所说的加工中心主要是指镗铣加工中心，这类加工中心是在数控铣床基础上发展起来的，配备了刀库及自动换刀装置，具有自动换刀功能，可以在一次定位装夹中实现对零件的铣、钻、镗及螺纹加工等多工序自动加工。如图 6-9 所示，是应用较为广泛的立式加工中心。

图 6-9 加工中心

任务 6.2 孔类零件的程序编制

6.2.1 返回参考点指令 G28

参考点是数控机床上的固定点，在程序中需要自动返回参考点进行换刀时，可以利用 G28 指令将刀具移动到该点。

格式：G28 Z_； Z 向回参考点。
　　　G28 X_Y_Z_； 主轴回参考点。

其中，X、Y、Z 坐标设定值为指定的某一中间点，但此中间点不能超过参考点，该点可以以绝对值方式写入，也可以增量值方式写入。

63

如，系统在执行"G28 Z_;"时，Z 向快速向中间点移动，到达中间点后，再快速向参考点定位。

6.2.2 换刀指令 M06

指令格式：M06 T_;

加工中心的编程方法与数控铣床的编程方法基本相同。加工中心带有刀库，具有自动换刀功能。FANUC 系统的换刀指令为 M06。

常用的换刀程序如下：

G91 G28 Z0;　　　　返回参考点
M06 T02;　　　　　 选择 2 号刀并将其装到主轴上
G90 ……;

6.2.3 刀具长度补偿功能 G43/G44/G49

1. 刀具长度补偿的意义

数控铣床所使用的每把刀具长度都不相同，另外由于刀具的磨损或其他原因也会引起刀具长度发生变化，使用刀具长度补偿指令可使每一把刀具加工的深度尺寸都正确。为了简化零件的数控加工编程，使得数控程序与刀具形状和刀具长度无关，现代数控系统除了具有刀具半径补偿功能外，还有刀具长度补偿功能。刀具长度补偿使刀具垂直于进给平面偏移一个刀具长度的修正值（例如由 G17 指定的 XY 平面，刀具长度补偿的是 Z 轴）。

2. 刀具长度补偿指令

格式：G17 G43/G44 G01 Z_F_H_;　或 G17 G43/G44 G00 Z_H_;
　　　……
　　　G49 G00/G01 Z_;

说明：

1) G17 指定刀具长度补偿轴为 Z 轴。

2) G43 指令表示正向偏置；G44 指令表示负向偏置；G49 指令为取消刀具长度补偿。

3) Z 为 G00/G01 指令的参数，即刀具长度补偿建立或取消的终点坐标值。

4) H 为 G43/G44 指令的参数，即刀具长度补偿偏置号（H00～H99），它代表了刀具长度补偿表（刀补表）中对应的长度补偿值。例如，H01 = 15 表示刀具长度补偿偏置号为 01 号，刀具长度补偿值为 15mm。刀具长度补偿值通常为正值，若为负值，则补偿方向相反。

5) G43、G44、G49 指令为同一组模态代码，可相互注销。

6) 刀具长度补偿的取消用 G49，也可采用"G43/G44 H00;"来执行（H00 的偏置量永远为 0）。

3. 刀具长度补偿的建立

刀具长度补偿指令可以理解为用来补偿实际使用的刀具长度与编程时的标准刀具长度之间差值的指令，如图 6-10 所示。该长度差即长度偏置量，存放在补偿寄存器中，用 H00～H99 来指定。

当实际使用的刀具长度比编程时的标准刀具长

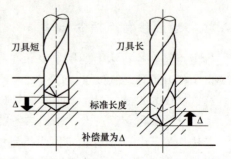

图 6-10　长度补偿示意图

时，用G43指令，使刀具朝Z轴正方向移动一个刀具长度偏置量；当实际使用的刀具长度比编程时的标准刀具短时，用G44指令，使刀具朝Z轴负方向移动一个刀具长度偏置量。

在实际使用中，鉴于习惯，一般仅使用G43指令，正、负方向的移动，靠变换H代码的正、负符号来实现。

4. 刀具长度补偿的使用方法

刀具长度补偿指令通常是在下刀及抬刀的直线段程序G00或G01中。当使用多把刀具时，通常是每一把刀具对应一个刀具长度补偿号，下刀时使用G43或G44指令，该刀具加工结束后抬刀时使用G49指令取消长度补偿。

假设，某零件的加工需要用到三把刀具，1号刀为$\phi16$的立铣刀，2号刀为$\phi4$的中心钻，3号刀为$\phi10$的钻头。已知1号刀长90mm，2号刀长75mm，3号刀长100mm。

在使用刀具长度补偿时，可以采用以下两种方法。

（1）基准刀对刀法　将工件坐标系原点设在工件上表面中心，选择1号刀作为基准刀，使用该基准刀进行对刀操作，并将对刀结果输入到工件坐标系G54的三个坐标值中，如图6-11所示。

然后，计算2号刀、3号刀与基准刀的长度差分别为15mm、10mm。将两个数值分别输入到刀补表中的H02、H03中，注意1号刀的长度补偿值H01为0，如图6-12所示。

设定好刀具补偿后，使用刀具长度补偿指令来编写调用程序，因为2号刀比1号刀短，需要负向偏置，用G44指令；3号刀比1号刀长，需要正向偏置，用G43指令。

假设需要将刀具移动到工件坐标系Z10位置，程序如下。

1号刀的程序为：G54 G90 G00 Z10；

2号刀的程序为：G54 G90 G44 G00 Z10 H02；（H02＝15）

3号刀的程序为：G54 G90 G43 G00 Z10 H03；（H03＝10）

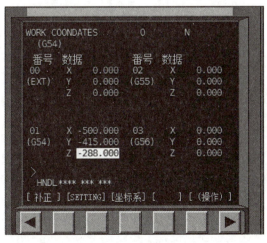

图6-11　G54设定1

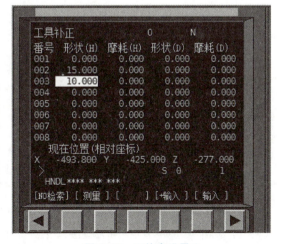

图6-12　刀补表设置1

实际加工对刀时，如果没有对刀仪来测量刀具长度，可以将基准刀Z向对刀位置的相对坐标"Z"进行"归零"，则2号刀、3号刀Z向对刀时相对坐标的绝对值即为其与1号刀的长度差。

（2）多把刀各自对刀法　将工件坐标系原点仍设在工件上表面中心，因为每把刀对刀

后的工件坐标系的 X、Y 数值相同,将其直接填入 G54 中,而 G54 中的 Z 坐标值设为 0,如图 6-13 所示。

然后,每把刀各自进行 Z 向对刀操作,则当刀具移动到工件上表面时,分别记下三把刀对应的机床坐标系的 Z 坐标值,将对刀结果分别填入到刀补表中的 H01、H02、H03 中,如图 6-14 所示。在编程时分别调用刀具长度补偿号 H01、H02、H03 即可。

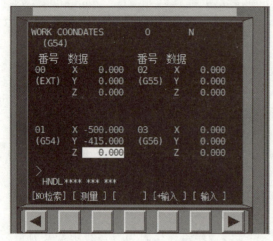

图 6-13 G54 设定 2

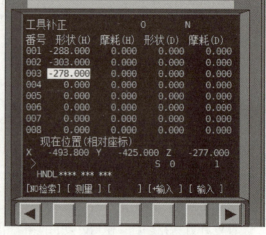

图 6-14 刀补表设置 2

将刀具移动到工件坐标系 Z10 位置时的程序如下。

1 号刀的程序为:G54 G90 G43 G00 Z10 H01;

2 号刀的程序为:G54 G90 G43 G00 Z10 H02;

3 号刀的程序为:G54 G90 G43 G00 Z10 H03;

注意:

1)因为刀补表中输入的都是负值,各刀具的调用均采用 G43 指令。

2)刀具长度补偿生效后,加工程序按标准刀具正常编程即可,直到取消长度补偿。

3)使用这种方法时,G49 抬刀并取消刀具长度补偿的终点坐标值应该是负值,如"G49 G00 Z-100;"。因为刀具长度补偿取消后,刀具 Z 轴正向移动的极限位置为 Z0。

6.2.4 孔加工固定循环指令

一般来说,在数控加工中一个动作对应一个程序段,而对于镗孔、钻孔和攻螺纹等孔加工,可以用一个程序段完成孔加工的全部动作,这样就使编程变得非常简单。

1. 孔加工循环过程

孔加工循环过程如图 6-15 所示,通常由以下 6 个动作组成:

1)动作 1($A \to B$):为刀具在初始平面内快速定位到孔位置坐标(X, Y),即循环起点 B。

2)动作 2($B \to R$):为刀具沿 Z 轴方向快进至安全平面,即 R 点平面。

3)动作 3($R \to E$):为孔加工过程(如钻孔、镗孔和攻螺纹等),此时以进给速度进给。

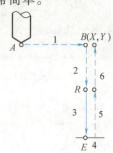

图 6-15 孔加工循环

4)动作4（E 点）：为孔底动作（如进给暂停、刀具移动、主轴准停和主轴反转等）。

5)动作5（E→R）：为刀具快速返回至安全平面（R 点高度）。

6)动作6（R→B）：为刀具快退至起始高度（B 点高度）。

2. 孔加工固定循环指令格式

格式：（G90/G91）（G98/G99）G73~G89 X_ Y_ Z_ R_ Q_ P_ F_ L_；

说明：

G98：表示返回平面为初始平面；

G99：表示平面为安全平面（G98、G99 为模态功能，可相互注销，G98 为默认值）；

G73~G89：为循环模式；

X_ Y_：为孔的位置；

Z_：为孔底坐标；

R_：为安全平面位置；

Q_：为每次进给时的背吃刀量；

P_：为在孔底暂停的时间；

F_：为进给速度；

L_：为固定循环的重复次数。

3. 常用孔加工固定循环指令

（1）钻孔循环指令 G81、G82、G73、G83

1）钻孔循环指令 G81。

指令格式：G81 X_ Y_ Z_ R_ F_ ；

G81 指令为一般孔的加工指令。其中，R 为参考点高度，F 为进给速度。G81 钻孔循环如图 6-16 所示。

G81（G98）

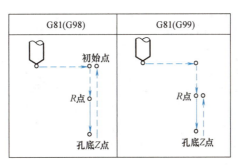

图 6-16 G81 钻孔循环

G81（G99）

G82（G98）

2）不通孔、台阶孔加工循环指令 G82。

指令格式：G82 X_ Y_ Z_ R_ P_ F_；

G82 指令为钻孔、镗孔循环指令。G82 指令的动作与 G81 类似，区别在于 G82 指令使刀具在孔底暂停，暂停时刀具不做进给运动，保持旋转。暂停时间用 P 来指定。

3）高速啄式钻孔循环指令 G73。

指令格式：G73 X_ Y_ Z_ R_ Q_ F_；

如图 6-17 所示，G73 指令用于间断进给（啄式钻孔）的钻孔加工，这种方式有利于断屑和排屑，适用于深孔加工。其中，Q 为分步切深，最后一次进给深度应小于或等于 Q；退

刀距离为 d（由系统参数设定）；F 为进给速度。

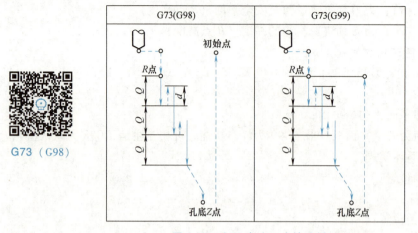

图 6-17　G73 高速啄式钻孔循环

4）深孔钻削循环指令 G83。

指令格式：G83 X_ Y_ Z_ R_ Q_ F_；

如图 6-18 所示，G83 指令适用于深孔钻削。和 G73 指令相同，钻孔时间断进给，这样有利于断屑和排屑。其中，Q 和 d 的含义与 G73 指令相同。G83 指令和 G73 指令的区别在于，G83 指令在每次进给 Q 距离后返回 R 点，这样对深孔钻削时排屑有利。

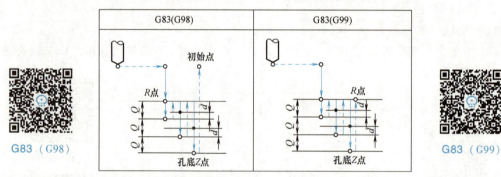

图 6-18　G83 深孔钻削循环

(2) 螺纹加工循环指令 G74、G84

1）左旋螺纹加工指令 G74。

指令格式：G74 X_ Y_ Z_ R_ P_ F_；

G74 指令为左旋螺纹加工指令。其中，R 为安全平面高度（一般要求不得小于 7mm）；P 为丝锥在孔底暂停的时间（单位为 ms）；F 为进给速度。F 的计算公式为：

$$进给速度 F = 转速(r/min) \times 螺距(mm)$$

在加工过程中，刀具反转（逆时针旋转）进给，先快进至 R 点，再以进给速度 F 切削至孔底 Z 点；按 P 设定的时间暂停；再正转退刀，如图 6-19 所示。

2）右旋螺纹加工指令 G84。

指令格式：G84 X_ Y_ Z_ R_ P_ F_；

G84 指令与 G74 指令的区别在于主轴旋向相反，其他与 G74 指令相同。

G74（G98）

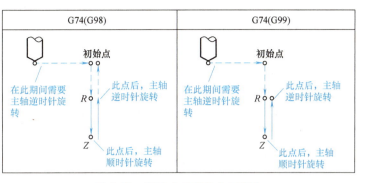

G74（G99）

G84（G98）

图 6-19　G74 左旋螺纹加工指令

（3）镗孔循环指令 G76、G85、G86、G87

1）精镗孔循环指令 G76。

指令格式：G76 X_ Y_ Z_ R_ Q_ F_；

如图 6-20 所示，G76 指令属于精镗孔循环指令。执行 G76 指令精镗孔至孔底后，要进行 3 个孔底动作，即进给暂停（P）、主轴准停（OSS，即定向停止）和刀具向刀尖反向偏移（距离为 Q），然后刀具退出，这样可以避免刀尖划伤精镗表面。G76 指令只能用于有主轴准停功能的加工中心上。让刀图解如图 6-21 所示。

G76（G98）

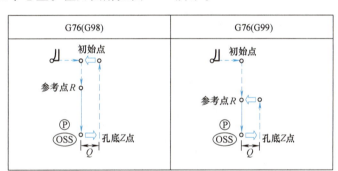

G76（G99）

图 6-20　G76 精镗孔循环指令

2）镗孔循环指令 G85。

指令格式：G85 X_ Y_ Z_ R_ F_；

G85 指令为镗孔循环指令，适用于一般孔的加工。镗孔时，主轴正转，刀具以进给速度镗孔至孔底后，以进给速度退出，无孔底动作。

3）镗孔循环指令 G86。

指令格式：G86 X_ Y_ Z_ R_ F_。

G86 指令也是镗孔循环指令。G86 指令和 G85 指令的区别是：执行 G86 指令，刀具到达孔底位置后，主轴停止并快速退回。

4）背镗孔循环指令 G87。

指令格式：G87 X_ Y_ Z_ R_ Q_ F_；

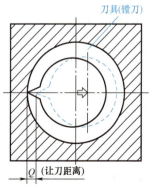

图 6-21　孔底让刀图解

G87指令也是精镗孔指令，与G76指令的区别是：执行G87指令，刀具首先定向停止，并向刀尖反向偏移一个Q值，然后快速移动至孔底（R点），刀具向刀尖正向偏移Q值，主轴正转并向上进给加工到Z平面。之后主轴再次准停，刀具向刀尖反方向偏移Q值，快速提刀至初始平面并按原偏移量返回到初始点，主轴正转，循环结束，如图6-22所示。

鉴于R点平面的位置，执行背镗孔循环G87指令，刀具只能返回初始平面。因此，G87指令前只能出现G98，而不能出现G99指令。

（4）循环结束指令G80 固定循环指令是模态指令，可用G80指令取消循环。此外，G00、G01、G02、G03也能起到取消固定循环指令的作用。

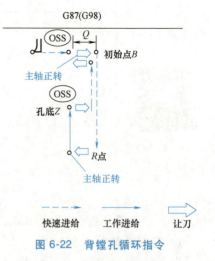

图6-22 背镗孔循环指令

【例6-1】 如图6-23所示，在50mm×50mm×10mm的零件上加工4个φ10H7的孔，零件材料为铝，外形已经加工到尺寸，要求编写孔加工程序。

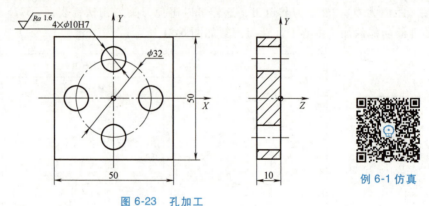

图6-23 孔加工

1）中心钻预钻中心孔的数控加工程序见表6-2。

表6-2 中心钻预钻中心孔的数控加工程序

程序	注释
O0010;	
G28 G91 Z0;	
M06 T01;	
G54 G90 G17 G49 G00 Z100 M03 S1500;	
G43 Z30 H01;	建立刀具长度补偿，补偿号为H01
G99 G81 X16 Y0 Z-3 R5 F80;	使用G81固定循环指令依次对4个孔进行定位
X0 Y16;	
X-16 Y0;	
X0 Y-16;	
G80;	取消固定循环
G49 G00 Z100;	抬刀并取消长度补偿
M30;	

2）φ9.8麻花钻钻通孔的数控加工程序见表6-3。

项目6　孔类零件的编程与加工

表6-3　φ9.8麻花钻钻通孔的数控加工程序

程序	注释
O0011;	
G28 G91 Z0;	
M06 T02;	
G54 G90 G17 G49 G00 Z100 M03 S800;	
G43 Z30 H02;	建立刀具长度补偿，补偿号为H02
G99 G83 X16 Y0 Z-15 R5 Q3 F80;	使用G83固定循环指令钻孔，超越量为3mm
X0 Y16;	
X-16 Y0;	
X0 Y-16;	
G80;	取消固定循环
G49 G00 Z100;	抬刀并取消长度补偿
M30;	

3）φ10铰刀铰孔的数控加工程序见表6-4。

表6-4　φ10铰刀铰孔的数控加工程序

程序	注释
O0012;	
G28 G91 Z0;	
M06 T03;	
G54 G90 G17 G49 G00 Z100 M03 S1000;	
G43 Z30 H03;	建立刀具长度补偿，补偿号为H03
G99 G81 X16 Y0 Z-14 R5 F100;	使用G81固定循环指令依次对四个孔进行铰孔
X0 Y16;	
X-16 Y0;	
X0 Y-16;	
G80;	取消固定循环
G49 G00 Z100;	抬刀并取消长度补偿
M30;	

任务6.3　孔类零件的仿真加工

6.3.1　加工中心的基本操作

FANUC 0i系统加工中心的机床操作面板上的开机、回零、手动移动、程序编辑和自动运行等基本操作和项目二中介绍的FANUC 0i系统数控铣床一样。

6.3.2　刀具在刀库及主轴上的安装

宇龙数控加工仿真软件中的立式加工中心的刀库中允许同时安装24把刀具。选择刀具时，在"选择铣刀"对话框中，先单击"已选择刀具"列表中的刀位号，再用鼠标单击"可选刀具"列表中所需的刀具，则选中的刀具

刀具在刀库及主轴上的安装

对应显示在"已选择刀具"列表中选中的刀位号所在行，如图 6-24 所示。在"已选择刀具"列表中选择一把刀具，单击"添加到主轴"按钮，再按"确认"键完成选刀，则该刀具安装在主轴上，其他刀具按所选刀位号放置在刀库里。

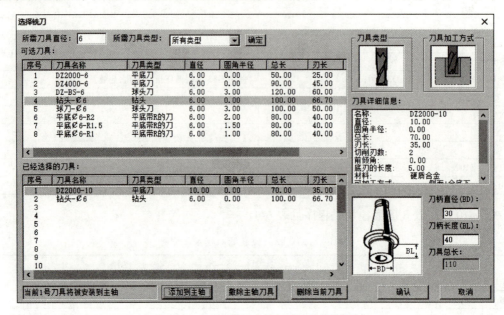

表 6-24　加工中心"选择铣刀"对话框

在对刀或加工时，如需换刀，可以再次打开"选择铣刀"对话框，选择另一把所需刀具添加到主轴，或在 MDI 方式下，输入"G91 G28 Z0；M06 T0X；"（X 为所需刀具号），单击"循环启动"按钮进行自动换刀。

任务 6.4　孔类零件的实操加工

加工中心在运行时，由于刀具是从刀库中自动换刀并装入主轴的，所以在运行程序前，要把装好刀具的刀柄装入刀库；在更换刀具或不需要某把刀具时，要把刀具从刀库中取出。如 φ16 立铣刀为 1 号刀，φ10 键槽铣刀为 2 号刀，将刀具装入刀库的操作过程如下。

1）在 MDI 模式下，输入"M06 T01；"，单击"循环启动"按钮。

2）待加工中心换刀动作（在刀库 1 号位空抓一下后返回）全部结束后，切换到手动模式，在加工中心面板或主轴立柱上按下"松/紧刀"按钮，把 1 号刀具的刀柄装入主轴。

3）继续在 MDI 模式下，输入"M06 T02；"，单击"循环启动"按钮。

4）待把 1 号刀装入刀库，在 2 号位空抓一下等动作全部结束后，切换到手动模式，按下"松/紧刀"按钮，把 2 号刀具的刀柄装入主轴。

5）再次运行程序更换其他刀具时，2 号刀就装入刀库。

当取出刀库中的刀具时，只需在 MDI 方式下执行要换下刀具的"M06 TX；"指令（X 为所需刀具号），待刀具装入主轴、刀库退回等一系列动作全部结束后，切换到手动模式，在加工中心面板或主轴立柱上按下"松/紧刀"按钮，把刀柄取下。

 拓展提升

遵守合作合同,保守企业技术秘密

随着企业竞争的不断加剧,商业秘密成了企业在竞争中的有力武器。对于企业员工来说,应自觉遵守与公司签订的保密协议等相关规定,不泄露公司商业秘密。当侵犯商业秘密的行为构成刑法的法定情节时,就有可能构成犯罪。

【案例】林某于2014年8月至2017年7月在汕头市俊国机电科技有限公司(简称俊国公司)任机械工程师,2019年1月后在创众公司主要负责产品机械设计方面的工作。在俊国公司工作期间,林某为了工作便利将该公司设计图纸复制到了自己笔记本计算机上,且离职后并未按照与俊国公司签订的《公司内部保密协议》规定自行删除。之后,林某在创众公司任职期间,将俊国公司的设计图纸(共79页)复制到创众公司办公计算机上并用于创众公司产品"龙门架钢板标识机"的设计中。

林某的上述行为属于《中华人民共和国反不正当竞争法》第二十一条所述的侵犯商业秘密行为,被汕头市市场监督管理局(汕头市知识产权局)罚款38万元。

项目7

复杂零件的编程与仿真

任务 7.1　复杂零件的工艺制定

7.1.1　复杂零件加工刀具的选择

铣刀类型应与工件表面形状与尺寸相适应。当加工较大的平面时应选择面铣刀；当加工凹槽、较小的台阶面及平面轮廓时应选择立铣刀；当加工空间曲面、模具型腔或凸模成形表面等复杂表面时多选用模具铣刀；当加工封闭的键槽时应选择键槽铣刀；当加工变斜角零件的变斜角面时应选用鼓形铣刀；当加工各种直线或圆弧的凹槽、特殊孔等成形表面时应选用成形铣刀。

1. 模具铣刀

模具铣刀是由立铣刀发展而来，其直径为 4~63mm，主要用于加工三维的模具型腔或凸凹模成形表面。通常有以下三种类型。

（1）圆锥形立铣刀　圆锥半角可为 3°、5°、7° 和 10°。例如，记为 $\phi10\times5°$ 的刀具，表示直径是 10mm、圆锥半角为 5° 的圆锥立铣刀。

（2）圆柱形球头立铣刀　如 $\phi12R6$ 的刀具，表示直径为 12mm 的圆柱形球头立铣刀。

（3）圆锥形球头立铣刀　如 $\phi15\times7°$ 的刀具，表示直径为 15mm、圆锥半角为 7° 的圆锥形球头立铣刀。

在模具铣刀的圆柱面（或圆锥面）和球头上都有切削刃，圆周刃与球头刃圆弧连接，可以进行轴向和径向进给切削，如图 7-1 所示。铣刀的工作部分用高速钢或硬质合金制造。小尺寸的硬质合金模具铣刀制成整体结构；$\phi16$ 以上直径的模具铣刀可制成焊接结构或可转位刀片形式。模具铣刀的柄部有直柄、削平型直柄

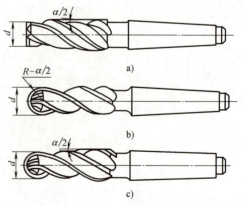

图 7-1　高速钢模具铣刀
a）圆锥形立铣刀　b）圆柱形球头立铣刀
c）圆锥形球头立铣刀

和莫氏锥柄三种形式。

2. 鼓形铣刀

鼓形铣刀的切削刃分布在半径为 R 的中凸的鼓形外廓上，其端面无切削刃，如图7-2所示。铣削时通过控制铣刀的上下位置来改变切削刃的切削部位，可以在工件上加工出由负到正的不同斜角表面。鼓形铣刀常用于加工立体曲面。R 值越小，鼓形铣刀所能加工的斜角范围越广，而加工后的表面粗糙度值也越大。鼓形铣刀的缺点是刃磨困难，切削条件差，而且不能加工有底的轮廓。

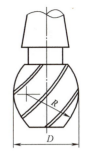

图 7-2 鼓形铣刀

3. 成形铣刀

成形铣刀一般为专用刀具，是为某个工件或某项加工内容而专门制造（刃磨）的。如图7-3所示为几种常见的成形铣刀，适用于加工特定形状的面或特定形状的孔、槽等。

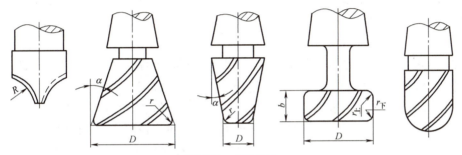

图 7-3 成形铣刀

7.1.2 曲面轮廓的加工方法

立体曲面的加工应根据曲面形状、刀具形状以及精度要求等条件采用不同的铣削加工方法，如两轴半、三轴、四轴及五轴等联动加工。

对于曲率变化不大和精度要求不高的曲面的粗加工，通常用两轴半坐标行切法加工，即 X、Y、Z 三轴中任意两轴做联动插补，第三轴作单独的周期进给。对于曲率变化较大、精度要求较高的曲面的精加工，通常用 X、Y、Z 三坐标联动插补的行切法加工。

7.1.3 曲面加工路线的确定

当铣削曲面时，常用球头铣刀采用行切法进行加工。对于边界敞开曲面的加工，可采用两种加工路线。如图7-4所示为发动机大叶片直纹面曲面的加工路线，当采用如图7-4a所示

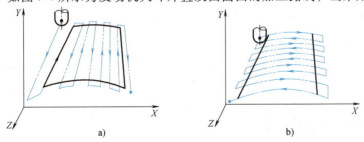

图 7-4 直纹面曲面的加工路线

a) 沿直线进给　b) 沿曲线进给

的加工路线时,每次沿直线加工,刀位点计算简单,程序少,加工过程符合直纹面的形成特点,可以准确地保证母线的直线度;当采用如图 7-4b 所示的加工路线时,符合这类零件的数据给出情况,便于加工后检验,叶形的准确度高,但程序较多。由于曲面零件的边界是敞开的,没有其他表面限制,所以曲面边界可以延伸,球头铣刀应由边界外开始加工。

任务 7.2 复杂零件的变量编程

7.2.1 用户宏程序概述

用户宏程序是 FANUC 数控系统及其类似产品中的特殊编程功能。用户宏程序的实质与子程序相似,它也是把一组实现某种功能的指令,以子程序的形式预先存储在系统存储器中,通过宏程序调用指令执行这一功能。在主程序中,只要编入相应的调用指令就能实现这些功能。

一组以子程序的形式存储并带有变量的程序称为用户宏程序,简称宏程序。调用宏程序的指令称为用户宏程序指令,或称为宏程序调用指令,简称宏指令。

宏程序与普通程序相比较,普通程序的程序字为常量,一个程序只能描述一个几何形状,所以缺乏灵活性和适用性;而在宏程序的本体中,可以使用变量进行编程,还可以用宏指令对这些变量进行赋值、运算等处理。通过使用宏程序能执行一些有规律变化(如非圆二次曲线轮廓)的动作。

用户宏程序分为 A、B 两种。一般情况下,在一些较老的 FANUC 系统(如 FANUC OTD 系统)的系统面板上没有"+"、"-"、"×"、"/"、"="、"[ ]"等符号,故不能进行这些符号的输入,也不能用这些符号进行赋值及数学运算。因此,在这类系统中只能按 A 类宏程序进行编程。而在 FANUC 0i 及其后(如 FANUC 18i 等)的系统中,则可以输入上述符号并运用这些符号进行赋值及数学运算,即按 B 类宏程序进行编程。在本教材中我们只介绍 B 类宏程序。

7.2.2 变量的相关知识

1. 变量

值不发生改变的量称为常量,如"G01 X100;"程序段中的"100"就是常量;而值可变的量称为变量,在宏程序中使用变量来代替地址后面的具体数值,如"G01 X#100;"程序段中的"#100"就是变量。

2. 变量的表示

一个变量由符号"#"和变量序号组成,如#100、#200 等。还可以用表达式进行表示,但表达式必须全部写入"[ ]"中,如#[#1+#2+10],当#1 = 10、#2 = 100 时,该变量表示#120。

3. 变量的引用

引用变量也可以采用表达式。

例:G01 X[#100-30] Y-#101 F[#101+#103];

当#100 = 100、#101 = 50、#103 = 80 时,该指令即表示为"G01 X70.0 Y-50.0 F130;"。

4. 变量的赋值

（1）直接赋值　变量可以在操作面板上用 MDI 方式直接赋值，也可以在程序中以等式方式赋值，但等号左边不能用表达式。

例：#100 = 100；#100 = 30+20；

（2）引数赋值　当宏程序以子程序方式出现时，所用的变量可在宏程序调用时赋值。

例：G65 P1000 X100 Y30 Z20 F100；

该处的 P 为宏程序的名，X、Y、Z 不代表坐标值，F 也不代表进给速度，而是对应于宏程序中的变量号，变量的具体数值由引数后的数值决定。引数宏程序体中的变量赋值方法有两种，见表 7-1 和表 7-2。这两种方法可以混用，其中 G、L、N、O、P 不能作为引数代替变量赋值。

表 7-1　变量赋值方法 1

引数	变量	引数	变量	引数	变量	引数	变量
A	#1	I3	#10	I6	#19	I9	#28
B	#2	J3	#11	J6	#20	J9	#29
C	#3	K3	#12	K6	#21	K9	#30
I1	#4	I4	#13	I7	#22	I10	#31
J1	#5	J4	#14	J7	#23	J10	#32
K1	#6	K4	#15	K7	#24	K10	#33
I2	#7	I5	#16	I8	#25		
J2	#8	J5	#17	J8	#26		
K2	#9	K5	#18	K8	#27		

表 7-2　变量赋值方法 2

引数	变量	引数	变量	引数	变量	引数	变量
A	#1	H	#11	R	#18	X	#24
B	#2	I	#4	S	#19	Y	#25
C	#3	J	#5	T	#20	Z	#26
D	#7	K	#6	U	#21		
E	#8	M	#13	V	#22		
F	#9	Q	#17	W	#23		

1）变量赋值方法 1 应用举例。

例：G65 P0030 A50 I40 J100 K0 I20 J10 K40；

经赋值后：#1 = 50，#4 = 40，#5 = 100，#6 = 0，#7 = 20，#8 = 10，#9 = 40。

2）变量赋值方法 2 应用举例。

例：G65 P0020 A50 X40 F100；

经赋值后：#1 = 50，#24 = 40，#9 = 100。

3）变量赋值方法 1 和 2 混合使用举例。

例：G65 P0030 A50 D40 I100 K0 I20；

经赋值后，I20 与 D40 同时对应变量#7，则后一个#7 有效，所以变量#7 = 20，其余同上。

7.2.3　变量运算

宏程序中的运算类似于数学运算，仍用各种数学符号来表示。变量常用运算见表 7-3。

表 7-3 变量常用运算

功能	格式	备注与示例
定义、转换	#i = #j	#100 = #1, #100 = 30.0
加法	#i = #j+#k	#100 = #1+#2
减法	#i = #j-#k	#100 = 100.0-#2
乘法	#i = #j * #k	#100 = #1 * #2
除法	#i = #j/#k	#100 = #1/30
正弦	#i = SIN[#j]	
反正弦	#i = ASIN[#j]	#100 = SIN[#1]
余弦	#i = COS[#j]	#100 = COS[36.3+#2]
反余弦	#i = ACOS[#j]	#100 = ATAN[#1]/[#2]
正切	#i = TAN[#j]	
反正切	#i = ATAN[#j]/[#k]	
平方根	#i = SQRT[#j]	
绝对值	#i = ABS[#j]	
舍入	#i = ROUND[#j]	#100 = SORT[#1 * #1-100]
上取整	#i = FIX[#j]	#100 = EXP[#1]
下取整	#i = FUP[#j]	
自然对数	#i = LN[#j]	
指数函数	#i = EXP[#j]	
或	#i = #j OR #k	
异或	#i = #j XOR #k	逻辑运算一位一位地按二进制执行
与	#i = #j AND #k	
BCD 转 BIN	#i = BIN[#j]	用于与 PMC 的信号交换

1) 函数 SIN、COS 等的角度单位是度，分和秒要换算成度。例如，90°30′表示为 90.5°，30°18′表示为 30.3°。

2) 宏程序数学计算的次序为：函数运算（SIN、COS、ATAN 等）、乘和除运算（*、/、AND 等）、加和减运算（+、-、OR、XOR 等）。例："#1 = #2+#3 * SIN[#4];" 执行时的运算次序为：

① 函数 SIN[#4]；

② 乘运算#3 * SIN[#4]；

③ 加运算#2+#3 * SIN[#4]。

3) 括号用于改变运算次序。函数中的括号允许嵌套使用，但最多只允许嵌套 5 层。
例：#1 = SIN[[#2+#3] * 4+#5/#6];

4) 在宏程序中的上、下取整运算。在 CNC 处理数值运算时，若操作产生的整数大于原数时为上取整，反之则为下取整。

例：设#1 = 1.2；#2 = -1.2；

当执行#3 = FUP[#1] 时，1 赋给#3；当执行#3 = FIX[#1] 时，2 赋给#3；

当执行#3 = FUP[#2] 时，-2 赋给#3；当执行#3 = FIX[#2] 时，-1 赋给#3。

7.2.4 控制语句

在程序中，使用 GOTO 语句和 IF 语句可以改变控制执行顺序。

1. 转移语句

格式一：GOTO n；

例：GOTO 1000；

该例为无条件转移语句。当执行该程序段时，将无条件转移到 N1000 程序段执行。

格式二：IF［条件表达式］GOTO n；

例：IF［#1GT#100］GOTO 1000；

该例为有条件转移语句。如果条件成立，则转移到 N1000 程序段执行；如果条件不成立，则执行下一程序段。条件表达式的种类见表 7-4。

表 7-4 条件表达式的种类

条 件	意 义	示 例
#i EQ #j	等于（=）	IF［#5 EQ #6］GOTO 100；
#i NE #j	不等于（≠）	IF［#5 NE #6］GOTO 100；
#i GT #j	大于（>）	IF［#5 GT #6］GOTO 100；
#i GE #j	大于等于（≥）	IF［#5 GE #6］GOTO 100；
#i LT #j	小于（<）	IF［#5 LT #6］GOTO 100；
#i LE #j	小于等于（≤）	IF［#5 LE #6］GOTO 100；

格式三：IF［条件表达式］THEN 宏程序语句；

例：IF［#100 EQ #200］THEN #300=0；

该例含义为如果 #100 和 #200 的值相等，则将"0"赋值给 #300。

2. 循环语句

WHILE［条件表达式］DO m（m=1，2，3，…）；

…

END m；

当条件满足时，就循环执行 WHILE 与 END 之间的程序段；当条件不满足时，就执行"END m；"的下一个程序段。m 是循环标号，允许嵌套 3 层。

【例 7-1】 如图 7-5 所示，球面台的半径为 20mm（#2），球面台展角为 67°（#6）。加工球面时，采用自上而下等高切削加工方式。使用半径为 8mm（#3）的平底立铣刀进行加工。

分析：圆标准方程为 $X^2+Y^2=1$，圆参数方程为 $X=r\cos\theta$，$Y=r\sin\theta$。

以工件上表面中心作为工件原点，使用圆参数方程进行编程，则在 ZX 平面的球面轮廓上任意一点的 X、Z 坐标满足圆参数方程：$X=20\cos\theta$，$Z=20\sin\theta$。

将圆转角 θ 设为自变量，这样任意点的位置就确定了。

参考程序见表 7-5。

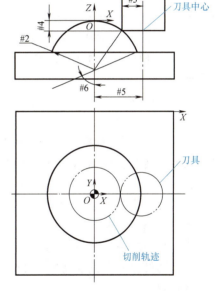

图 7-5 铣削球面台

例 7-1 仿真

表 7-5 球面台的数控加工程序

程序	注释
O0013；	
G54 G90 G17 G40 G00 Z100；	

(续)

程序	注释
M03 S1000;	
X8 Y0;	
Z10;	
G01 Z0 F50;	
#1 = 0;	定义变量的初值(角度初值)
#2 = 20;	定义变量(球半径)
#3 = 8;	定义变量(刀具半径)
#6 = 67;	定义变量的终值(角度终止值)
N10 #4 = #2 * [1−COS [#1]];	计算变量(Z值)
#5 = #3 + #2 * SIN [#1];	计算变量(X值)
G01 X#5 Y0 F200;	每层加工时,X方向的起始位置
Z−#4 F50;	到下一层的定位
G02 I−#5 F200;	每一层的整圆铣削
#1 = #1 + 1;	角度递加1
IF [#1 LE #6] GOTO 10;	当#1≤67°时,转向N10语句循环,加工球面台
G00 Z100;	
M30;	

【例7-2】 编制如图7-6所示椭圆内轮廓的宏程序,选用刀具为φ10的键槽铣刀,要求每层切削1mm深,分5层加工。

分析:使用刀具半径补偿进行编程,整圈分层加工椭圆。

设 a、b 分别为椭圆长半轴及短半轴,θ 为椭圆上任意点的椭圆转角,椭圆标准方程为 $X^2/a^2 + Y^2/b^2 = 1$,参数方程为 $X = a\cos\theta$,$Y = b\sin\theta$。

以工件上表面中心作为工件原点,使用参数方程进行编程,则椭圆轮廓上任意一点的 X、Y 坐标满足椭圆参数方程:$X = 15\cos\theta$,$Y = 10\sin\theta$。

将椭圆转角 θ 和铣削高度 Z 设为自变量,可确定任意点的位置。

由于该椭圆高度尺寸为5mm,每层切削1mm深,分5层铣出椭圆,因此需用二级嵌套的循环语句编程,采用直线拟合逼近理想轮廓的编程加工原理。

参考程序见表7-6。

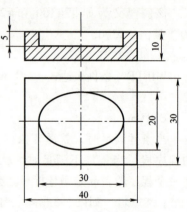

图7-6 铣削椭圆内轮廓

例7-2仿真

表7-6 椭圆内轮廓的数控加工程序

程序	注释
O0014;	
G54 G90 G17 G40 G00 Z100;	
X0 Y0;	
M03 S1000;	
Z10;	
#1 = −1;	定义变量的初值(Z值起点)

(续)

程序	注释
#2 = -5;	定义变量的终值(Z 值终点)
WHILE [#1 GE #2] DO1;	如果#1≥#2,循环 1 继续
G01 Z#1 F100;	Z 向下刀
#3 = 0;	定义变量的初值(椭圆起始角度)
#4 = 360;	定义变量的终值(椭圆终止角度)
#5 = 15;	定义变量(椭圆长半轴)
#6 = 10;	定义变量(椭圆短半轴)
G41 X#5 Y0 D01 F200;	刀补阶段不能连续两段没有出现补偿平面内的移动语句(变量赋值不影响,判断条件计入影响)
WHILE [#3 LE #4] DO2;	如果#3≤#4,循环 2 继续
#7 = #5 * COS[#3];	计算变量(X 值)
#8 = #6 * SIN[#3];	计算变量(Y 值)
G01 X#7 Y#8 F200;	刀具定位切削
#3 = #3+1;	角度递加 1
END2;	循环 2 结束
G40 X0 Y0;	
#1 = #1-1;	Z 值递减 1
END1;	循环 1 结束
G00 Z100;	
M30;	

任务 7.3　复杂零件的自动编程

7.3.1　CAXA 制造工程师软件介绍

CAXA 制造工程师 2020 是一款 CAD/CAM 一体化数控加工编程软件。软件集成了数据接口、几何造型、加工轨迹生成、加工过程仿真检验、数控加工代码生成以及加工工艺单生成等一整套面向复杂零件和模具的数控编程功能。CAXA 制造工程师软件界面主要由快速启动栏、选项卡、功能区、特征/轨迹树、状态栏、绘图区和设计元素库等组成,如图 7-7 所示。

7.3.2　线架构建

CAXA 制造工程师软件为曲线绘制提供了十多项功能:直线、圆弧、平行线、矩形、圆、多段线、样条、正多边形、点、圆弧拟合样条、椭圆、孔/轴、提取曲线、曲面投影线、线面包裹及拟合曲线等,并且提供了多种曲线修改和查询工具,如图 7-8 所示。

7.3.3　实体造型

特征实体造型是 CAXA 制造工程师软件的重要组成部分,软件提供了丰富的特征实体造型工具以及各种实体特征修改、变换工具。通常的特征包括孔、槽、凸台、圆柱体和球体等。

1. 草图绘制

草图绘制是特征生成的关键步骤。草图(也称轮廓)是特征生成所依赖的曲线组合,

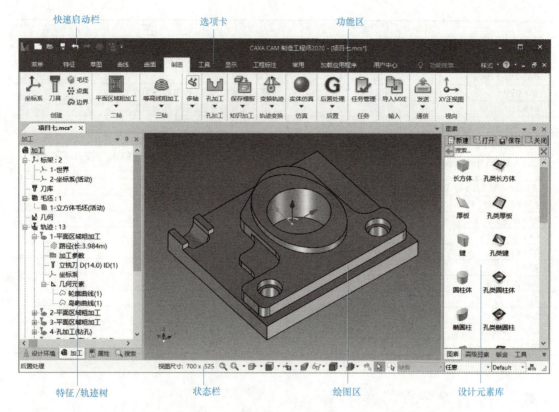

图 7-7　CAXA 制造工程师软件界面

图 7-8　曲线选项卡

是为特征造型准备的一个平面封闭图形。绘制草图的过程可分为：1）确定草图基准平面；2）选择草图状态；3）图形的绘制；4）图形的编辑；5）草图参数化修改等五步。

2. 轮廓特征

创建特征的方式主要有拉伸、旋转、扫描、放样、螺纹、加厚和自定义孔等，如图 7-9 所示。

图 7-9　特征选项卡

3. 特征处理

CAXA 制造工程师软件提供了圆角过渡、边倒角、面拔模、抽壳、布尔、分割、筋板、裁剪和偏移等多种修改特征实体的方法，以及阵列特征、缩放体和镜像特征等特征变换方法。

7.3.4 自动编程

CAXA 制造工程师软件提供了丰富的数控加工轨迹生成工具，每种工具都有其使用的前提条件、参数特征和轨迹形式，具有 2 轴、2.5 轴、3 轴、4 轴和 5 轴铣削粗、精加工功能。常用的加工方式（策略）有平面区域粗加工、平面轮廓精加工、等高线粗加工、等高线精加工、平面精加工、轮廓导动精加工和孔加工等，如图 7-10 所示。

图 7-10 加工选项卡

使用 CAXA 制造工程师软件自动编程的过程如下：

（1）零件的实体造型　通过绘制零件轮廓曲线，利用曲线投影、拉伸等功能绘制零件特征，或借助设计元素库快速创建特征，完成零件的实体造型。

（2）创建坐标系　在"加工"特征树上右击"标架"，在快捷菜单中选择"创建坐标系"，输入新坐标系原点坐标，完成坐标系创建。

（3）创建毛坯　在"加工"特征树上右击"毛坯"，在快捷菜单中选择"创建毛坯"，设置参数创建毛坯。

（4）选择加工方式，生成加工轨迹　单击主菜单中的"制造"功能选项卡，选择合适的加工方式，在弹出的对话框中进行参数设置，单击"确定"按钮，得到加工轨迹。

（5）加工轨迹实体仿真　在轨迹树或绘图区中相应刀具轨迹上右击鼠标，在快捷菜单中选择"实体仿真"，进入加工轨迹仿真页面，选择合适的命令进行仿真加工。

（6）生成 G 代码　在轨迹树或绘图区中相应刀具轨迹上右击鼠标，在快捷菜单中选择"后置处理"，在弹出的对话框中正确设置参数，单击"后置"按钮，即可生成数控程序。

注意：

1）所谓粗加工和精加工功能，仅仅指生成的轨迹是单层的还是多层的，比如，用平面区域粗加工功能，可以生成某个零件平面区域的粗加工轨迹，也可以生成精加工轨迹，加工精度和加工余量是通过设置加工参数来实现的。

2）2 轴、2.5 轴加工方式可直接利用零件的轮廓曲线生成加工轨迹，无需建立三维模型。

 拓展提升

学习榜样　大国工匠陈行行：精雕细琢铸就无悔青春

陈行行是中国工程物理研究院机械制造工艺研究所的一名高级技师，从事高精尖产品的机械加工工作。2018 年，年仅 29 岁的陈行行当选"大国工匠年度人物"，成为行业领军人

才。成长于山东乡村的陈行行，毕业于技工院校。在校期间，他先后学习了电工、焊工、钳工、制图、数控车等8个工种，并相应考取了12种职业资格证书。从2009年参加工作至今，陈行行掌握了多种铣削加工参数化编程方法、精密类零件铣削及尺寸控制方法等多项技术和工艺，能熟练运用现代化的大型数控加工中心完成多种精密复杂零件的铣削加工。

作为中国制造业的一名高级技术工人，陈行行一次次向技艺极限挑战。比如，用在某尖端武器装备上的薄型壳体，通过陈行行的手，产品合格率从以前难以逾越的50%提升到100%；用比头发丝还细的0.02mm刀头，在直径不到20mm的圆盘上打出36个小孔，难度超过用绣花针给老鼠种睫毛。对工艺的执着追求，让年轻的陈行行做到了很多人做不到的事。

大国工匠陈行行：
精雕细琢铸就无悔青春

观看视频，学习陈行行精雕细琢的大国工匠精神。

参 考 文 献

[1] 穆国岩. 数控机床编程与操作 [M]. 3 版. 北京：机械工业出版社，2019.
[2] 王颖，张亚萍. 数控铣床编程与操作 [M]. 北京：机械工业出版社，2018.
[3] 张宁菊. 数控铣削编程与加工 [M]. 3 版. 北京：机械工业出版社，2019.
[4] 陈艳巧，徐连孝. 数控铣削编程与操作项目教程 [M]. 北京：北京理工大学出版社，2016.
[5] 沈建峰. 数控铣削编程与加工：FANUC 系统 [M]. 北京：机械工业出版社，2015.
[6] 徐夏民. 数控铣削技术训练 [M]. 北京：高等教育出版社，2015.
[7] 朱明松，王翔. 数控铣床编程与操作项目教程 [M]. 3 版. 北京：机械工业出版社，2019.
[8] 张亚力，康彪. 加工中心编程与零件加工技术 [M]. 北京：化学工业出版社，2016.
[9] 关雄飞. CAXA 制造工程师 2013r2 实用案例教程 [M]. 北京：机械工业出版社，2014.
[10] 胡翔云，龚善林，冯邦军. 数控铣削工艺与编程 [M]. 北京：人民邮电出版社，2013.
[11] 宋宏明，杨丰. 数控加工工艺 [M]. 2 版. 北京：机械工业出版社，2018.
[12] 马俊，成立，肖洪波. 数控加工中心编程与操作项目教程 [M]. 北京：人民邮电出版社，2019.

高等职业教育系列教材

数控铣削编程与加工任务工作页

专　　业：＿＿＿＿＿＿＿＿

班　　级：＿＿＿＿＿＿＿＿

学　　号：＿＿＿＿＿＿＿＿

姓　　名：＿＿＿＿＿＿＿＿

实习时间：＿＿＿＿＿＿＿＿

指导教师：＿＿＿＿＿＿＿＿

机械工业出版社

目　　录

项目1　数控铣床的基本操作 …… 1
项目任务单 …… 1
任务1.1　认识数控铣床 …… 2
任务描述 …… 2
任务目标 …… 2
引导问题 …… 2
任务实施 …… 2
总结反思 …… 3
任务1.2　认识数控铣床的坐标系统 …… 4
任务描述 …… 4
任务目标 …… 4
引导问题 …… 4
任务实施 …… 5
总结反思 …… 6
任务1.3　认识刀具系统 …… 7
任务描述 …… 7
任务目标 …… 7
引导问题 …… 7
任务实施 …… 8
总结反思 …… 10
任务1.4　数控铣床的安全操作与维护保养 …… 11
任务描述 …… 11
任务目标 …… 11
引导问题 …… 11
任务实施 …… 12
总结反思 …… 14
项目评价 …… 15
巩固练习 …… 15

项目2　平面零件的编程与加工 …… 17
项目任务单 …… 17
任务2.1　平面零件的工艺制定 …… 18
任务描述 …… 18
任务目标 …… 18
引导问题 …… 18
任务实施 …… 19
总结反思 …… 20
任务2.2　平面零件的程序编制 …… 21
任务描述 …… 21
任务目标 …… 21
引导问题 …… 21
任务实施 …… 23
总结反思 …… 25
任务2.3　平面零件的仿真加工 …… 26
任务描述 …… 26
任务目标 …… 26
引导问题 …… 26
任务实施 …… 27
总结反思 …… 29
任务2.4　平面零件的实操加工 …… 29
任务描述 …… 29
任务目标 …… 30
引导问题 …… 30
物品清单 …… 31
任务实施 …… 31
总结反思 …… 33
项目评价 …… 34
巩固练习 …… 34

项目3　平面圆弧零件的编程与仿真 …… 36
项目任务单 …… 36
任务3.1　平面圆弧零件的工艺制定 …… 37
任务描述 …… 37
任务目标 …… 37
引导问题 …… 37
任务实施 …… 37
总结反思 …… 39
任务3.2　平面圆弧零件的程序编制 …… 40

任务描述 …………………… 40	巩固练习 …………………… 64
任务目标 …………………… 40	**项目 5 内轮廓零件的编程与加工** … 66
引导问题 …………………… 40	项目任务单 …………………… 66
任务实施 …………………… 41	任务 5.1 内轮廓零件的工艺制定 …… 67
总结反思 …………………… 43	任务描述 …………………… 67
任务 3.3 平面圆弧零件的仿真加工 … 43	任务目标 …………………… 67
任务描述 …………………… 43	引导问题 …………………… 67
任务目标 …………………… 44	任务实施 …………………… 68
引导问题 …………………… 44	总结反思 …………………… 70
任务实施 …………………… 44	任务 5.2 内轮廓零件的程序编制 …… 70
总结反思 …………………… 45	任务描述 …………………… 70
项目评价 …………………… 46	任务目标 …………………… 71
巩固练习 …………………… 47	引导问题 …………………… 71
项目 4 外轮廓零件的编程与加工 … 48	任务实施 …………………… 71
项目任务单 …………………… 48	总结反思 …………………… 74
任务 4.1 外轮廓零件的工艺制定 …… 49	任务 5.3 内轮廓零件的仿真加工 …… 75
任务描述 …………………… 49	任务描述 …………………… 75
任务目标 …………………… 49	任务目标 …………………… 75
引导问题 …………………… 49	引导问题 …………………… 75
任务实施 …………………… 50	任务实施 …………………… 76
总结反思 …………………… 51	总结反思 …………………… 77
任务 4.2 外轮廓零件的程序编制 …… 52	任务 5.4 内轮廓零件的实操加工 …… 78
任务描述 …………………… 52	任务描述 …………………… 78
任务目标 …………………… 52	任务目标 …………………… 78
引导问题 …………………… 52	引导问题 …………………… 78
任务实施 …………………… 53	物品清单 …………………… 78
总结反思 …………………… 56	任务实施 …………………… 79
任务 4.3 外轮廓零件的仿真加工 …… 57	总结反思 …………………… 81
任务描述 …………………… 57	项目评价 …………………… 82
任务目标 …………………… 57	巩固练习 …………………… 82
引导问题 …………………… 57	**项目 6 孔类零件的编程与加工** … 85
任务实施 …………………… 58	项目任务单 …………………… 85
总结反思 …………………… 59	任务 6.1 孔类零件的工艺制定 …… 86
任务 4.4 外轮廓零件的实操加工 …… 60	任务描述 …………………… 86
任务描述 …………………… 60	任务目标 …………………… 86
任务目标 …………………… 60	引导问题 …………………… 86
引导问题 …………………… 60	任务实施 …………………… 87
物品清单 …………………… 61	总结反思 …………………… 89
任务实施 …………………… 61	任务 6.2 孔类零件的程序编制 …… 89
总结反思 …………………… 63	任务描述 …………………… 89
项目评价 …………………… 64	任务目标 …………………… 90

引导问题 …………………………… 90
　　任务实施 …………………………… 90
　　总结反思 …………………………… 94
　任务 6.3　孔类零件的仿真加工 ……… 95
　　任务描述 …………………………… 95
　　任务目标 …………………………… 95
　　引导问题 …………………………… 96
　　任务实施 …………………………… 96
　　总结反思 …………………………… 97
　任务 6.4　孔类零件的实操加工 ……… 98
　　任务描述 …………………………… 98
　　任务目标 …………………………… 98
　　引导问题 …………………………… 98
　　物品清单 …………………………… 99
　　任务实施 ………………………… 100
　　总结反思 ………………………… 101
　项目评价 …………………………… 102
　巩固练习 …………………………… 103
项目 7　复杂零件的编程与仿真 …… 104
　项目任务单 ………………………… 104

　任务 7.1　复杂零件的工艺制定 …… 105
　　任务描述 ………………………… 105
　　任务目标 ………………………… 105
　　引导问题 ………………………… 105
　　任务实施 ………………………… 106
　　总结反思 ………………………… 108
　任务 7.2　复杂零件的变量编程 …… 109
　　任务描述 ………………………… 109
　　任务目标 ………………………… 109
　　引导问题 ………………………… 109
　　任务实施 ………………………… 110
　　总结反思 ………………………… 112
　任务 7.3　复杂零件的自动编程 …… 113
　　任务描述 ………………………… 113
　　任务目标 ………………………… 113
　　引导问题 ………………………… 114
　　任务实施 ………………………… 114
　　总结反思 ………………………… 116
　项目评价 …………………………… 117
　巩固练习 …………………………… 117

项目 1　数控铣床的基本操作

项目任务单

项目描述	认识数控铣床的基本结构、类型和特点;熟悉数控铣床的坐标系统;识别数控铣床常用的刀具并正确装夹;学习数控铣床的基本操作和日常维护保养方法,培养文明操作生产习惯
项目载体	立式数控铣床 立铣刀　　锥柄麻花钻　　直柄麻花钻
项目目标	1. 了解数控铣床的基本结构、用途和种类 2. 熟悉数控铣床的坐标系统,能够准确判断数控铣床各个坐标轴的位置和方向,能够正确设定工件坐标系 3. 熟悉数控铣床的刀具系统,能够正确完成数控铣床常用刀具的安装 4. 掌握数控铣床的安全操作规程,熟练机床的基本操作,养成文明生产的习惯 5. 熟悉数控铣床的日常维护保养要求,能够正确完成机床的日常维护和保养 6. 能够形成良好的职业规范和操作习惯,具有一定的工程意识

学习任务及学时分配	任务序号	任务名称	学时安排	备注
	任务 1.1	认识数控铣床	2 学时	
	任务 1.2	认识数控铣床的坐标系统	2 学时	
	任务 1.3	认识刀具系统	2 学时	
	任务 1.4	数控铣床的安全操作与维护保养	2 学时	

任务 1.1　认识数控铣床

📖 任务描述

识别数控铣床的主要组成结构，区分不同类型的数控铣床。

📋 任务目标

1. 熟悉掌握数控铣床的基本结构。
2. 了解数控铣床的种类、特点及应用场合。
3. 能够正确识别各种类型的数控铣床。

🔄 引导问题

1. 数控铣床可以实现哪些加工方式？

_____

_____

2. 试比较立式数控铣床和卧式数控铣床的结构（表 1-1）。

表 1-1　立式数控铣床和卧式数控铣床的区别

铣床类型	立式数控铣床	卧式数控铣床
主轴布置形式		
坐标轴数量		
加工零件类型		
加工零件部位		

3. 数控铣床可以铣削加工哪些类型的零件（表 1-2）？

表 1-2　数控铣床的加工零件类型

序号	加工零件类型
1	
2	
3	
4	

🌐 任务实施

1. 观察如图 1-1 所示立式数控铣床，并标注其主要结构的名称。
2. 扫码观看加工实例，判断采用的是什么类型数控铣床（表 1-3）。

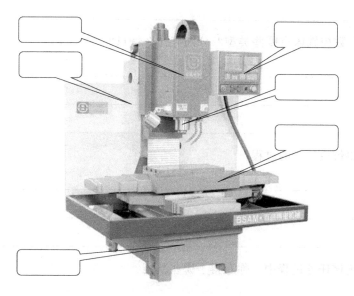

图 1-1 数控铣床的主要部件

表 1-3 数控铣床加工实例

加工实例	数控铣床类型

总结反思

1. 数控铣床主要由哪些部分组成？

3

2. 常见的数控铣床有哪些类型？分别有什么特点？

3. 试简述数控加工的过程。

4. 在实施该任务过程中，你获得了哪些技能？

5. 当再次实施类似任务时，哪些方面应该做得更好，如何改进？

任务1.2　认识数控铣床的坐标系统

任务描述

判断立式数控铣床和卧式数控铣床坐标轴的运动方向，正确设置工件坐标系。

任务目标

1. 理解机床坐标系、工件坐标系的概念。
2. 能够准确判断数控铣床各个坐标轴的位置和方向。
3. 能够根据零件特点合理设置工件坐标系。

引导问题

1. 什么是机床坐标系和机床原点？

_____

_____

2. 右手笛卡儿法则的作用是什么？如何使用？

_____

_____

_____

3. 在确定数控机床坐标轴及其运动方向时，通常有以下规定：不论数控机床的具体结构是工件静止、刀具运动，还是刀具静止、工件运动，都假定为_____不动，_____做运动，且把_____方向作为坐标轴的正方向。

4. 什么是机床参考点？其作用是什么？

_____

_____

_____

5. 什么是工件坐标系和工件原点？

_____

_____

_____

🛠 任务实施

1. 分别在图 1-2 和图 1-3 所示的数控铣床上画出三个基本坐标轴的运动方向。

图 1-2　立式数控铣床

图 1-3　卧式数控铣床

5

2. 根据如图 1-4 和图 1-5 所示的零件形状特征，选择合适的位置设置工件坐标系。

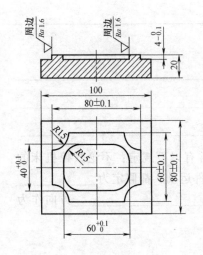

图 1-4　工件坐标系设定 1

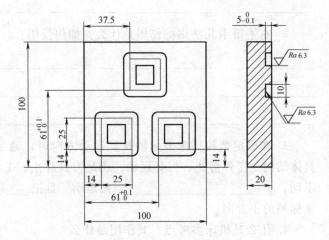

图 1-5　工件坐标系设定 2

总结反思

1. 立式数控铣床的三个坐标轴的运动方向是如何确定的？

2. 工件原点位置的选择原则是什么？

3. 如何建立工件坐标系与机床坐标系之间的关系？

4. 在实施该任务过程中，你获得了哪些技能？

5. 当再次实施类似任务时，哪些方面应该做得更好，如何改进？

任务1.3　认识刀具系统

任务描述

认识数控铣床的常用刀具，完成常用刀具的装夹。

任务目标

1. 能够识别数控铣床常用的刀具。
2. 能够熟练装夹立铣刀和钻头。

引导问题

1. 试简述数控铣床常用刀具的用途（表1-4）。

表1-4　常用刀具的用途

序号	刀具名称	用途
1	面铣刀	
2	立铣刀	
3	键槽铣刀	
4	球头铣刀	
5	麻花钻	

2. 数控铣床的刀柄系统主要由哪几部分组成？分别有什么作用（表1-5）？

表1-5　刀柄系统的组成和作用

序号	组成部分	作用
1		
2		
3		

3. 刀具在刀柄中装夹时需要用到哪些安装辅具？分别起什么作用（表1-6）？

表1-6 安装辅具的作用

序号	刀具安装辅具	作用
1		
2		

 任务实施

1. 识别刀具。

识别如图1-6所示的刀具，写出刀具名称。

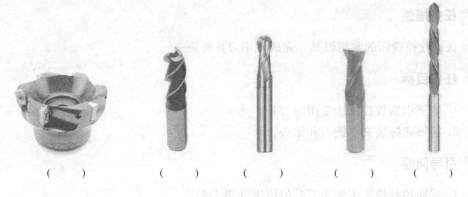

（　　）　　（　　）　　（　　）　　（　　）　　（　　）

图1-6 数控铣床常用刀具

2. 刀具在刀柄中的装夹。

选择合适的刀柄、夹头和安装辅具等工具完成刀具在刀柄中的装夹，并记录装夹步骤。

（1）立铣刀在弹簧夹头刀柄中的装夹（表1-7、表1-8）

表1-7 立铣刀装夹的刀具、工具清单

项目	名称	规格/型号	数量
刀具			
刀柄			
夹头/中间模块			
拉钉			
安装辅具			

表 1-8　立铣刀装夹步骤

步骤	操作内容及方法
1	
2	
3	
4	
5	

（2）直柄麻花钻在自紧式钻夹头刀柄中的装夹（表1-9、表1-10）。

表 1-9　直柄麻花钻装夹的刀具、工具清单

项目	名称	规格/型号	数量
刀具			
刀柄			
夹头/中间模块			
拉钉			
安装辅具			

表 1-10　直柄麻花钻装夹步骤

步骤	操作内容及方法
1	
2	
3	
4	
5	

（3）锥柄麻花钻在莫氏锥度刀柄中的装夹（表1-11、表1-12）。

表 1-11　锥柄麻花钻装夹的刀具、工具清单

项目	名称	规格/型号	数量
刀具			
刀柄			
夹头/中间模块			
拉钉			

表 1-12　锥柄麻花钻装夹步骤

步骤	操作内容及方法
1	
2	
3	
4	
5	

总结反思

1. 立铣刀和键槽铣刀在外形和功能上分别有什么相似点和不同点？

2. 使用数控铣床加工零件时，如何选择加工刀具？

3. 弹簧夹头刀柄、自紧式钻夹头刀柄、莫氏锥柄刀柄分别适合装夹什么刀具？

4. 在实施该任务过程中，你获得了哪些技能？

5. 当再次实施类似任务时，哪些方面应该做得更好，如何改进？

任务1.4 数控铣床的安全操作与维护保养

任务描述

参观数控车间,了解安全文明操作知识。学习数控铣床的基本操作、工件的装夹以及刀具在主轴上的安装,并对机床进行维护保养。

任务目标

1. 了解数控铣床操作面板各功能键的作用。
2. 掌握数控铣床的基本操作方法,培养文明操作的生产习惯。
3. 能够正确在机床上装夹工件和刀具。
4. 能够对数控铣床进行日常维护保养。

引导问题

1. FANUC 0i 系统数控铣床操作面板主要由哪几部分组成?

2. 表1-13的机床操作需要在哪种工作模式下进行?

表1-13 机床工作模式的选择

序号	机床操作	工作模式
1	回参考点	
2	手动进给	
3	手轮进给	
4	自动运行程序	
5	编辑程序	
6	刀具在主轴上的安装	

3. 根据表1-14中的按键图标,填写出名称及功能。

表1-14 常用按键功能

序号	图标	名称	功能
1			
2			
3			

(续)

序号	图标	名称	功能
4			
5			
6			

任务实施

1. 参观数控车间，学习安全文明操作知识，正确穿戴工作服、工作鞋、防护眼镜和工作帽。

2. 以小组为单位进行开机操作，并记录操作步骤（表1-15）。

表1-15 开机操作步骤

步骤	操作内容及方法
1	
2	
3	

3. 进行回参考点（回零）操作，并记录操作步骤（表1-16），注意机床不要超程。

表1-16 回参考点操作步骤

步骤	操作内容及方法
1	
2	
3	

4. 进行手动连续进给操作，并记录操作步骤（表1-17）。

表1-17 手动连续进给操作步骤

步骤	操作内容及方法
1	
2	
3	

5. 进行手轮进给操作，并记录操作步骤（表1-18）。根据教师要求，将指定坐标轴移动到所要求的坐标点。

表 1-18　手轮进给操作步骤

步骤	操作内容及方法
1	
2	
3	
4	
5	
6	

6. 使用机用平口虎钳装夹工件，并记录操作步骤（表 1-19）。

表 1-19　工件装夹步骤

步骤	操作内容及方法
1	
2	
3	
4	
5	
6	

7. 将装入刀具的刀柄安装到机床主轴上，并记录安装步骤（表 1-20）。

表 1-20　刀具安装步骤

步骤	操作内容及方法
1	
2	
3	
4	
5	
6	

8. 以小组为单位进行关机操作，并记录操作步骤（表 1-21）。

表 1-21　关机操作步骤

步骤	操作内容及方法
1	
2	
3	

9. 根据教师要求对数控机床进行清理和保养，并记录操作要点。

总结反思

1. 进行回参考点（回零）操作时，如何避免机床超程？

2. 在机床主轴上安装刀具时需要注意哪些问题？

3. 使用平口钳装夹工件时，如何保证工件装夹牢固？

4. 在实施该任务过程中，你获得了哪些技能？

5. 当再次实施类似任务时，哪些方面应该做得更好，如何改进？

项目评价（表1-22）

表1-22 检测评分表

姓名		班级			总得分	
学号		日期				
考核项目	序号	考核内容与要求	配分	评分标准	自评得分	教师评价
认识数控铣床(12%)	1	正确识别数控铣床主要部件	6	每错1处，扣1分		
	2	正确判断数控铣床的类型	6	每错1处，扣2分		
认识数控铣床的坐标系统(20%)	1	正确判断数控铣床各个坐标轴的位置和方向	10	每错1处，扣1分		
	2	根据零件特点合理设置工件坐标系	10	酌情扣1~10分		
认识刀具系统(20%)	1	正确识别数控铣床常用刀具	5	每错1处，扣1分		
	2	正确安装立铣刀、直柄麻花钻和锥柄麻花钻	15	每错1处，扣1分		
数控铣床的安全操作与维护保养(40%)	1	工作服、工作鞋、防护眼镜、工作帽等着装正确	5	每错1处，扣1分		
	2	开关机操作正确	5	每错1处，扣1分		
	3	回零操作正确	5	每错1处，扣1分		
	4	机床移动操作正确，进给方向无差错	10	每错1处，扣1分		
	5	工件装夹正确	5	每错1处，扣1分		
	6	刀柄在主轴上安装正确	5	每错1处，扣1分		
	7	机床维护保养正确	5	每错1处，扣1分		
职业素养与操作安全(8%)	1	6S及职业规范	8	酌情扣1~8分		
	2	安全文明生产（扣分制）	-5	无错不扣分		

巩固练习

一、选择题

1. 以下哪种加工工艺手段不是数控铣床具备的功能（   ）。
   A. 镗削　　　　B. 钻削　　　　C. 螺纹加工　　　　D. 车削
2. （   ）是指数控机床上一个固定不变的极限点。
   A. 机床原点　　B. 工件原点　　C. 换刀点　　　　D. 对刀点
3. 编程人员在数控编程和加工时使用的坐标系是（   ）。
   A. 右手直角笛卡儿坐标系　　　B. 机床坐标系
   C. 工件坐标系　　　　　　　　D. 参考坐标系
4. 加工沟槽、台阶面、小面积平面时一般采用（   ）。
   A. 面铣刀　　　B. 立铣刀　　　C. 球头刀　　　　D. 麻花钻
5. 执行回参考点操作时需在（   ）方式下进行。

A. MDI　　　　B. JOG　　　　C. EDIT　　　　D. REF

6. 用平口虎钳装夹工件时，必须使余量层（　　）钳口。

A. 略高于　　　B. 稍低于　　　C. 大量高出　　　D. 高度相同

二、判断题

1. 立式铣床工作台是垂直的，卧式铣床工作台是水平的。　　　　（　）
2. 手工编程的优点是效率高，程序正确性高。　　　　　　　　　（　）
3. 在确定机床坐标系方向时，不论何种机床，都一律假定工件静止、刀具移动。
　　　　　　　　　　　　　　　　　　　　　　　　　　　　　（　）
4. 数控机床采用的是笛卡儿坐标系，各轴的方向用右手来判定。　（　）
5. 数控机床坐标轴的确定应先确定 X 轴、Y 轴再确定 Z 轴。　（　）
6. 用数控铣床加工较大平面时，应选择键槽铣刀。　　　　　　　（　）
7. 数控机床开机时一般需要先执行回参考点操作，以建立机床坐标系。（　）
8. 数控机床运行时，一旦发现紧急状况，应立即按下紧急停止按钮。（　）

项目2 平面零件的编程与加工

项目任务单

项目描述	如下图所示,已知毛坯尺寸为100mm×100mm×22mm,工件材料为铝合金,要求编制铣削该零件上表面的数控加工程序,并在数控铣床上进行加工
项目载体	（图示：平面零件图，尺寸100×100，厚度 $20_{-0.021}^{0}$，基准A，形位公差 0.04、∥ 0.05 A，表面粗糙度 Ra 3.2） 技术要求: 1.未注尺寸公差按GB/T 1804—2000—m处理; 2.未注倒角C0.5; 3.锐角倒钝; 4.去毛刺。 材料:硬铝　名称:平面零件　比例1:1
项目目标	1. 能够识读零件图样和技术要求 2. 掌握平面铣削刀具相关知识,能够合理选择刀具和切削参数,正确编制平面零件铣削加工工艺 3. 熟练掌握数控程序结构、基本指令及用法,能够编制平面零件的数控铣削加工程序 4. 能够使用宇龙仿真软件完成程序校验和零件的仿真加工 5. 能够在立式数控铣床上正确装夹零件、安装刀具、编辑及校验程序、对刀、自动加工、测量并控制尺寸精度 6. 能够树立正确的学习观、人生观、价值观,端正学习态度
学习任务及学时分配	任务序号　任务名称　学时安排　备注 任务2.1　平面零件的工艺制定　4学时 任务2.2　平面零件的程序编制　4学时 任务2.3　平面零件的仿真加工　4学时 任务2.4　平面零件的实操加工　2学时

任务 2.1 平面零件的工艺制定

任务描述
根据项目描述，明确零件的加工要求，编写平面零件的加工工艺。

任务目标
1. 能够读懂零件的加工要求。
2. 能够正确选择零件的装夹方法。
3. 能够合理选择切削参数，确定加工工序和工艺方案，填写加工工序卡。
4. 能够正确选择刀具，并填写刀具卡。

引导问题
1. 列出数控铣削的两种加工方式，并举例说明（表2-1）。

表2-1　数控铣削的加工方式

序号	分类	特点	举例
1			
2			

2. 列出周铣法的两种类型，并画出刀具与工件的位置关系简图（表2-2）。

表2-2　周铣法的分类

序号	分类	特点	简图
1			
2			

3. 列出端铣法的三种类型，并画出刀具与工件的位置关系简图（表2-3）。

表2-3　端铣法的分类

序号	分类	特点	简图
1			
2			
3			

4. 解释铣削用量的三要素（表2-4）。

表 2-4　铣削用量三要素

序号	名称	定义	单位
1			
2			
3			

任务实施

1. 分析零件图样。

（1）毛坯尺寸：_____
（2）毛坯材料：_____
（3）加工精度分析（表 2-5）：

表 2-5　加工精度分析

项目	加工精度要求	加工方案

2. 确定零件装夹方案。

（1）选择机床：_____
（2）选择夹具：_____
（3）定位基准：_____
（4）所需工具：_____

3. 确定加工工艺方案。

（1）加工阶段划分：_____
_____
（2）加工工序划分原则：_____
（3）加工顺序安排（表 2-6）：

表 2-6　加工顺序

序号	加工部位	使用刀具	加工余量

4. 填写数控加工工序卡（表 2-7）。

表 2-7 数控加工工序卡

零件名称		数控加工工序卡	工序号		工序名称		共 页
							第 页
材料		毛坯状态		机床设备		夹具	

工步号	工步内容	刀具规格	刀具材料	量具	背吃刀量 /mm	进给量 /(mm/min)	主轴转速 /(r/min)
编制		日期		审核		日期	

5. 填写数控加工刀具卡（表 2-8）。

表 2-8 数控加工刀具卡

零件名称				数控加工刀具卡			工序号		
工序名称				设备名称			设备型号		
工步号	刀具号	刀具名称	刀柄型号	刀具			补偿量 /mm	备注
				直径 /mm	刀长 /mm	刀尖半径 /mm		
编制		审核		批准		共 页		第 页

总结反思

1. 平面加工中常选用什么刀具？有什么特点？

_____

_____

_____

2. 粗、精加工时，切削用量的选用有什么区别？

_____

_____

3. 如果平面的表面质量要求很高,应该怎样设计刀具进给路线?

_____
_____
_____

4. 在实施该任务过程中,你获得了哪些技能?

_____
_____
_____

5. 当再次实施类似任务时,哪些方面应该做得更好,如何改进?

_____
_____
_____

任务2.2　平面零件的程序编制

任务描述

根据已制定好的平面零件加工工艺,完成该零件的数控加工程序的编制。

任务目标

1. 熟悉数控程序结构、格式和常用功能字的含义。
2. 掌握 M03/M30/G54/G90/G91/G00/G01 等基本指令的功能及用法。
3. 能够编制平面零件的数控加工程序,掌握平面铣削的编程技巧。

引导问题

1. 分析表2-9数控加工程序由哪几部分组成,并说明程序名的命名规则。

表2-9　程序的组成

数控加工程序	程序结构组成
O0001;	
G54 G90 G00 Z50;	
M03 S800;	
X45 Y-15;	
Z5;	
G01 Z-5 F100;	
……	
G00 Z50;	
M30;	

程序名的命名规则：

2. 解释表 2-10 各功能字的含义。

表 2-10　常见功能字的含义

序号	功能字	含义
1	N	
2	G	
3	X/Y/Z	
4	F	
5	M	
6	S	
7	T	

3. 列出准备功能指令（G 代码）的两种类型，并分别说明其特点（表 2-11）。

表 2-11　准备功能指令（G 代码）的类型

序号	分类	特点
1		
2		

4. 解释表 2-12 中 M 代码的功能，并写出 M03/M04 指令的格式。

表 2-12　常用 M 代码的功能

序号	M 代码	功能/格式
1	M03	
2	M04	
3	M05	
4	M30	

5. 解释表 2-13 中 G 代码的功能。

表 2-13　工件坐标系零点偏移及取消指令

序号	G 代码	功能
1	G54/G55/G56/G57/G58/G59	
2	G53	

6. 解释表 2-14 中 G 代码的功能，并说明其适用场合。

表 2-14　绝对坐标与相对坐标编程指令 G90、G91 的功能

序号	G 代码	功能	适用场合
1	G90		
2	G91		

7. 解释表 2-15 中 G 代码的功能及格式。

表 2-15　G00/G01 的功能

序号	G 代码	功能	格式
1	G00		
2	G01		

任务实施

1. 建立工件坐标系。

（1）根据零件图样特点及任务 2.1 制定的工艺方案，将工件坐标系原点 O（0，0，0）设定在_____。

（2）在图 2-1 中画出工件坐标系原点及坐标轴。

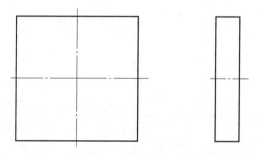

图 2-1　工件坐标系及刀具进给路线

2. 确定进给路线。

（1）根据所选刀具的特点，选择下刀点（A）位置，并标注在图 2-1 中。

（2）确定刀具进给路线，并绘制在图 2-1 中。

3. 计算基点坐标。

根据制定的刀具进给路线，计算刀路中各基点坐标，并填写表 2-16。

4. 编写加工程序。

编写模具底板平面的加工程序，对每个程序段进行注释，并注明粗、精加工的参数（表 2-17）。

5. 填写数控加工程序单（表 2-18）。

表 2-16 基点坐标

基点序号	X 坐标值	Y 坐标值	Z 坐标值
1			
2			
3			
4			

表 2-17 模具底板平面加工程序

加工程序	注释

表 2-18　数控加工程序单

数控加工程序单		产品名称		零件名称		共　页
		工序号		工序名称		第　页
序号	程序编号	工序内容	刀具	切削深度（相对最高点）	备注	
装夹示意图：				装夹说明：		
编程/日期			审核/日期			

总结反思

1. 在编制铣削数控加工程序时，应该怎样控制下刀过程？下刀点怎么选择？

2. 在使用 G00 指令或 G01 指令时，刀具的移动分别有什么特点？

3. 你编制的数控加工程序中，哪些程序段可以使用省略写法？分别怎样简写？

4. 在实施该任务过程中，你获得了哪些技能？

___

___

___

5. 当再次实施类似任务时，哪些方面应该做得更好，如何改进？

___

___

___

任务 2.3　平面零件的仿真加工

任务描述

使用宇龙数控加工仿真软件，将编制好的平面零件数控加工程序输入到数控系统，完成程序校验和零件的仿真加工。

任务目标

1. 熟悉仿真软件的机床回零、零件装夹和刀具选择等基本操作。
2. 能够熟练使用仿真软件进行对刀并设定工件坐标系。
3. 能够通过操作面板输入、编辑和修改加工程序，并进行程序校验和仿真加工。

引导问题

1. 在机床操作面板的 MDI 键盘上，为表 2-19 中的机床操作要求选择合适的按键。

表 2-19　MDI 面板常用按键

序号	机床操作要求	按键	名称
1	复位 CNC 系统，取消报警		
2	在 CRT 上显示机床当前的坐标位置		
3	在编辑方式下，编辑和显示在系统中的程序		
4	设定工件坐标系		
5	用输入域内的数据替代光标所在的数据		
6	删除光标所在的数据		
7	将输入域中的数据插入到当前光标之后的位置		
8	取消输入域内的数据		
9	结束一行程序的输入并且换行		

2. 对刀的目的是什么？

_____
_____
_____

3. 在宇龙数控加工仿真软件中进行 X/Y 向和 Z 向对刀操作时，分别使用什么工具（表 2-20）？

表 2-20　对刀工具

序号	对刀方向	对刀工具
1		
2		

⚙ 任务实施

使用宇龙数控加工仿真软件进行平面零件的仿真加工，并完成以下操作步骤记录。

1. 选择机床类型。
控制系统：_____
机床类型：_____

2. 选项设置。
为方便观察机床工作台及操作鼠标，可进行设置：_____
_____

3. 开机。
（1）机床上电：_____
（2）解除急停报警：_____

4. 回参考点。
（1）工作模式：_____
（2）Z 轴回参考点：_____
（3）X 轴回参考点：_____
（4）Y 轴回参考点：_____

5. 定义毛坯。
（1）毛坯名称：_____
（2）毛坯材料：_____
（3）毛坯形状：_____
（4）毛坯尺寸：_____

6. 装夹零件。
（1）选择零件：_____
（2）选择夹具：_____

（3）零件在夹具中的移动：＿＿＿＿＿＿＿＿＿＿＿＿＿＿＿＿＿＿＿＿
7. 放置零件。
（1）在列表中选择零件：＿＿＿＿＿＿＿＿＿＿＿＿＿＿＿＿＿＿＿＿＿
（2）在机床工作台上移动零件：＿＿＿＿＿＿＿＿＿＿＿＿＿＿＿＿＿
8. X 向对刀。
（1）对刀工具：＿＿＿＿＿＿＿＿＿＿＿＿＿＿＿＿＿＿＿＿＿＿＿＿
（2）工作模式：＿＿＿＿＿＿＿＿＿＿＿＿＿＿＿＿＿＿＿＿＿＿＿＿
（3）塞尺规格：＿＿＿＿＿＿＿＿＿＿＿＿＿＿＿＿＿＿＿＿＿＿＿＿
（4）移动对刀工具至：＿＿＿＿＿＿＿＿＿＿＿＿＿＿＿＿＿＿＿＿＿
（5）切换工作模式：＿＿＿＿＿＿＿＿＿＿＿＿＿＿＿＿＿＿＿＿＿＿
（6）精确移动对刀工具，直到提示信息对话框显示：＿＿＿＿＿＿＿＿
（7）此时，CRT 上的 X 坐标值为：＿＿＿＿＿＿＿＿＿＿＿＿＿＿＿
（8）计算工件坐标系 X 坐标值为：＿＿＿＿＿＿＿＿＿＿＿＿＿＿＿
9. Y 向对刀。
（1）移动对刀工具至：＿＿＿＿＿＿＿＿＿＿＿＿＿＿＿＿＿＿＿＿＿
（2）精确移动对刀工具，直到提示信息对话框显示：＿＿＿＿＿＿＿＿
（3）此时，CRT 上的 Y 坐标值为：＿＿＿＿＿＿＿＿＿＿＿＿＿＿＿
（4）计算工件坐标系 Y 坐标值为：＿＿＿＿＿＿＿＿＿＿＿＿＿＿＿
10. Z 向对刀。
（1）更换刀具：＿＿＿＿＿＿＿＿＿＿＿＿＿＿＿＿＿＿＿＿＿＿＿＿
（2）移动刀具至：＿＿＿＿＿＿＿＿＿＿＿＿＿＿＿＿＿＿＿＿＿＿＿
（3）精确移动刀具，直到提示信息对话框显示：＿＿＿＿＿＿＿＿＿＿
（4）此时，CRT 上的 Z 坐标值为：＿＿＿＿＿＿＿＿＿＿＿＿＿＿＿
（5）计算工件坐标系 Z 坐标值为：＿＿＿＿＿＿＿＿＿＿＿＿＿＿＿
11. 设定工件坐标系。
（1）CRT 界面切换按键：＿＿＿＿＿＿＿＿＿＿＿＿＿＿＿＿＿＿＿＿
（2）工件坐标系指令为：＿＿＿＿＿＿＿＿＿＿＿＿＿＿＿＿＿＿＿＿
（3）数值输入：＿＿＿＿＿＿＿＿＿＿＿＿＿＿＿＿＿＿＿＿＿＿＿＿
12. 输入程序。
（1）工作模式：＿＿＿＿＿＿＿＿＿＿＿＿＿＿＿＿＿＿＿＿＿＿＿＿
（2）CRT 界面切换按键：＿＿＿＿＿＿＿＿＿＿＿＿＿＿＿＿＿＿＿＿
（3）正确使用按键输入加工程序：输入一段代码后，按＿＿＿＿＿＿＿键，将输入域中的内容显示在 CRT 界面上，用＿＿＿＿＿＿＿键结束一行的输入后换行。
13. 自动加工。
（1）工作模式：＿＿＿＿＿＿＿＿＿＿＿＿＿＿＿＿＿＿＿＿＿＿＿＿
（2）CRT 界面切换按键：＿＿＿＿＿＿＿＿＿＿＿＿＿＿＿＿＿＿＿＿
（3）运行程序按键：＿＿＿＿＿＿＿＿＿＿＿＿＿＿＿＿＿＿＿＿＿＿

总结反思

1. 在仿真加工过程中，如果零件损坏，如何更换零件毛坯？

2. 对于厚度较小的工件，应如何在平口钳中装夹？

3. 在运行程序过程中，如果发现程序有误，应该怎么修改？会用到哪些按键？

4. 在实施该任务过程中，你获得了哪些技能？

5. 当再次实施类似任务时，哪些方面应该做得更好，如何改进？

任务 2.4　平面零件的实操加工

任务描述

在数控铣床上正确装夹毛坯、安装刀具，使用试切法进行对刀，输入数控加工程序，完成平面零件的实操加工，并正确使用量具完成该零件尺寸精度的测量。

任务目标

1. 掌握试切法对刀的操作方法,并能进行对刀结果正确性的检验。
2. 能够使用立式数控铣床进行平面零件的自动加工,并达到相关精度要求。
3. 能够选择合适的量具正确检验工件的加工尺寸精度。

引导问题

1. 试切法对刀有什么优缺点,适用于什么场合(表 2-21)?

表 2-21 试切法的特点

项目	内容
优点	
缺点	
适用场合	

2. 在项目 2 的零件图样中找出所标注的尺寸公差,选择合适的测量工具(表 2-22)。

表 2-22 厚度

公称尺寸	上极限偏差	下极限偏差	测量工具

3. 在项目 2 的零件图样中找出所标注的形状公差,选择合适的测量工具(表 2-23)。

表 2-23 平面度

公差项目名称	符号	公差数值	基准	测量工具

4. 在项目 2 的零件图样中找出所标注的位置公差,选择合适的测量工具(表 2-24)。

表 2-24 平行度

公差项目名称	符号	公差数值	基准	测量工具

5. 在项目 2 的零件图样中找出所标注的表面粗糙度,选择合适的测量工具(表 2-25)。

表 2-25 表面粗糙度

符号	参数代号	表面粗糙度值	测量工具

物品清单（表 2-26～表 2-28）

表 2-26　刀具清单

序号	名称	规格	数量
1			
2			
3			
4			

表 2-27　工具、量具清单

序号	名称	规格	数量
1			
2			
3			
4			
5			
6			
7			
8			
9			
10			

表 2-28　安全防护用品清单

序号	名称	数量	备注
1			
2			
3			
4			

任务实施

使用数控铣床进行平面零件的实操加工，并完成以下操作步骤记录。

1. 开机：_____

2. 回参考点：_____

3. 装夹工件。

（1）选择夹具：_____（2）定位基准：_____

（3）安装工具：_____

4. 装夹刀具。

（1）选择刀具：_____　　（2）选择刀柄：_____
（3）安装辅具：_____

5. 刀具在主轴上的安装。
（1）工作模式：_____　　（2）换刀按键位置：_____

6. 对刀。
（1）对刀方法：_____　　（2）对刀工具：_____
（3）使刀具正转：_____

（4）对刀操作并设定工件坐标系：_____
_____

（5）工件坐标系 $X/Y/Z$ 坐标值分别为：_____
_____

7. 检验对刀结果。
（1）检验 X、Y 方向时：
1）检验用程序段：_____
2）检验操作：_____
_____

（2）检验 Z 方向时：
1）检验用程序段：_____
2）检验操作：_____
_____

8. 输入加工程序。
（1）工作模式：_____　　（2）程序名：_____

9. 粗加工。
（1）刀具规格：_____　　（2）主轴转速：_____
（3）进给速度：_____　　（4）背吃刀量：_____
（5）操作步骤：
1）工作模式：_____　　2）CRT 显示界面：_____
3）进给倍率旋钮旋至：_____　　4）运行程序：_____
5）进给倍率旋钮操作：_____

10. 测量工件厚度尺寸。
（1）测量工具：_____　　（2）测量数值：_____
（3）计算精加工余量：_____

11. 调整参数进行精加工。
（1）刀具规格：_____　　（2）主轴转速：_____
（3）进给速度：_____　　（4）背吃刀量：_____

12. 测量尺寸精度，并填入表2-29中。

表2-29 零件自检表

零件名称				允许读数误差		±0.007mm		教师评价
序号	项目	尺寸要求	使用的量具	测量结果			项目判定	
				NO.1	NO.2	NO.3 平均值		
1	厚度	$20_{-0.021}^{0}$mm					合格 否	
2	平面度	0.04mm					合格 否	
3	平行度	0.05mm					合格 否	
4	表面粗糙度	$Ra3.2\mu m$					合格 否	
结论（对上述测量尺寸进行评价）				合格品		次品 废品		
处理意见								

总结反思

1. 当工件坐标系位置确定好之后，使用不同直径和长度的刀具对同一个工件进行X/Y向对刀，对其结果有没有影响？对Z向对刀呢？

2. 怎样确定工件的精加工余量？

3. 粗加工之后，可以怎样调整加工程序或机床以进行精加工？

4. 在实施该任务过程中，你获得了哪些技能？

5. 当再次实施类似任务时，哪些方面应该做得更好，如何改进？

_____

_____

_____

项目评价（表 2-30）

表 2-30 检测评分表

姓名		班级			总得分	
学号		日期				
考核项目	序号	考核内容与要求	配分	评分标准	自评得分	教师评价
加工工艺（12%）	1	机械加工工序卡填写正确	6	每错1处扣1分		
	2	数控加工刀具卡填写正确	3	每错1处扣1分		
	3	数控加工程序单填写正确	3	每错1处扣1分		
加工程序（15%）	1	指令应用合理、得当、正确	5	每错1处扣1分		
	2	程序格式正确，符合工艺要求	10	每错1处扣1分		
仿真加工（10%）	1	仿真操作正确，程序校验正确	5	酌情扣1~5分		
	2	按时完成，仿真加工尺寸合格	5	酌情扣1~5分		
实操加工（55%）	1	工件厚度 $20_{-0.021}^{0}$ mm	12	每超差0.01mm扣1分		
	2	平面度 0.04mm	12	超差不得分		
	3	平行度 0.05mm	12	超差不得分		
	4	表面粗糙度 $Ra3.2\mu m$	12	每降1级扣2分		
	5	按时完成，工件完整无缺陷（夹伤、过切等）	7	缺陷1处扣1分，未按时完成全扣		
职业素养与操作安全(8%)	1	6S 及职业规范	8	酌情扣1~8分		
	2	安全文明生产（扣分制）	-5	无错不扣分		

巩固练习

1. 加工如图 2-2 所示台阶零件，零件材料为铝合金。试编写该零件台阶面的数控加工程序，并在数控铣床上进行加工。

2. 加工如图 2-3 所示汽车模具底座，零件材料为铝合金。试编写该零件凸台平面的数控加工程序，并在数控铣床上进行加工。

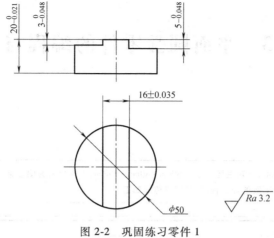
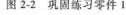

图 2-2 巩固练习零件 1

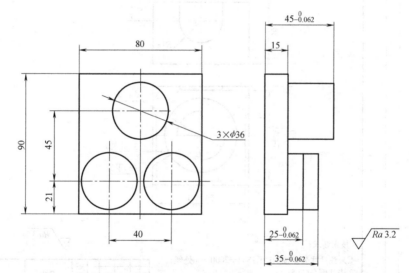

图 2-3 巩固练习零件 2

项目3 平面圆弧零件的编程与仿真

项目任务单

项目描述	如下图所示,已知毛坯尺寸为 80mm×80mm×50mm,工件材料为铝合金,要求编制该零件上表面及四周侧面图案的加工程序,并完成仿真加工
项目载体	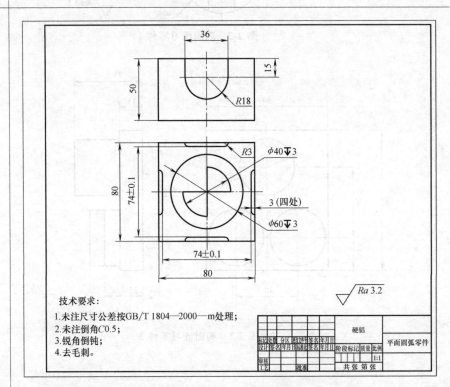
项目目标	1. 掌握球头铣刀的使用方法,能够正确选择刀具规格、切削参数等 2. 能够正确编制平面圆弧零件铣削加工工艺 3. 熟练掌握 G17/G18/G19、G02/G03 等指令的用法,能够编制平面圆弧零件的数控加工程序 4. 能够使用宇龙仿真软件导入数控程序,检查运行图形轨迹,并测量加工尺寸 5. 能够坚定文化自信,增强文化自觉,提升民族自信心和自豪感

	任务序号	任务名称	学时安排	备注
学习任务及学时分配	任务 3.1	平面圆弧零件的工艺制定	2 学时	
	任务 3.2	平面圆弧零件的程序编制	4 学时	
	任务 3.3	平面圆弧零件的仿真加工	2 学时	

任务 3.1　平面圆弧零件的工艺制定

任务描述

根据项目描述,明确零件加工要求,编写平面圆弧零件的加工工艺。

任务目标

1. 能够合理规划平面圆弧零件的工艺路线,制定工艺方案,填写加工工序卡。
2. 能够正确选择球头铣刀的切削参数,并填写刀具卡。

引导问题

1. 球头铣刀有哪些特点(表 3-1)?

表 3-1　球头铣刀的特点

序号	项目	特点
1	切削刃分布	
2	刀位点	
3	适用加工范围	
4	优缺点	

2. 什么是安全高度,其高度一般取多少,有什么作用(表 3-2)?

表 3-2　安全高度的作用

序号	项目	内容
1	定义	
2	高度范围	
3	作用	

3. 在铣削加工时,针对不同的下刀位置,如何选择下刀编程指令和刀具(表 3-3)?

表 3-3　下刀时指令、刀具的选择

序号	下刀点位置	使用指令	使用刀具
1	空料位置		
2	废料位置		

任务实施

1. 分析零件图样。

（1）毛坯尺寸：_____
（2）毛坯材料：_____
（3）加工精度分析（表 3-4）：

表 3-4 加工精度分析

项目	加工精度要求	加工方案
尺寸精度		
形状精度		
位置精度		
表面粗糙度		

2. 确定零件装夹方案。
（1）选择机床：_____
（2）选择夹具：_____
（3）定位基准：_____
（4）所需工具：_____
3. 确定加工工艺方案。
（1）加工阶段划分：_____
_____
（2）加工工序划分原则：_____
（3）加工顺序安排（表 3-5）：

表 3-5 加工顺序

序号	加工部位	使用刀具	加工余量

4. 填写数控加工工序卡（表 3-6）。

表 3-6 数控加工工序卡

零件名称		数控加工工序卡	工序号		工序名称		共 页
							第 页
材料		毛坯状态		机床设备		夹具	

(续)

工步号	工步内容	刀具规格	刀具材料	量具	背吃刀量 /mm	进给量 /(mm/min)	主轴转速 /(r/min)
编制		日期		审核		日期	

5. 填写数控加工刀具卡（表3-7）。

表3-7 数控加工刀具卡

零件名称				数控加工刀具卡			工序号		
工序名称				设备名称			设备型号		
工步号	刀具号	刀具名称	刀柄型号	刀具			补偿量 /mm	备注
				直径 /mm	刀长 /mm	刀尖半径 /mm		
编制		审核		批准		共 页	第 页	

总结反思

1. 在使用球头铣刀铣削工件时，需要注意哪些问题？

2. 在加工过程中，刀具在哪些位置需要注意安全高度的问题？

3. 数控铣削加工时，刀具在 Z 轴方向的移动什么时候使用 G00 指令，什么时候使用 G01 指令？

4. 在实施该任务过程中，你获得了哪些技能？

5. 当再次实施类似任务时，哪些方面应该做得更好，如何改进？

任务 3.2　平面圆弧零件的程序编制

任务描述

根据已制定好的平面圆弧零件加工工艺，完成该零件的数控加工程序的编制。

任务目标

1. 掌握坐标平面选择指令 G17/G18/G19、圆弧插补指令 G02/G03 的功能及使用方法。
2. 能够编制平面圆弧零件的数控加工程序。

引导问题

1. 坐标平面选择指令都有哪些，分别对应哪个平面（表 3-8）？

表 3-8　坐标平面选择指令

序号	指令	加工补偿平面
1		
2		
3		

2. 说明 G02/G03 指令格式"G17 G02/G03 X_Y_I_J_F_;"和"G17 G02/G03 X_Y_R_F_;"中各参数的含义（表 3-9）。

表 3-9　G02/G03 指令格式中各参数的含义

序号	参数	含义
1	X_Y_	
2	I_J_	
3	F	
4	R	

3. 在铣削圆弧时，如何判断应使用 G02 指令还是 G03 指令（表 3-10）？

表 3-10　G02/G03 指令的选择

序号	指令	功能	判断方法
1	G02		
2	G03		

4. 在铣削整圆时，应该使用 G02/G03 指令的哪种格式进行编程？

任务实施

1. 建立工件坐标系。

（1）根据零件图样特点及任务 3.1 制定的工艺方案将工件坐标系原点 O（0，0，0）设定在_____。

（2）在图 3-1 中画出工件坐标系原点及坐标轴。

2. 确定进给路线。

（1）上表面倒八字图案刀具进给路线。

1）根据所选刀具的特点，选择下刀点（A_1）位置，并标注在图 3-1 中。

2）确定刀具进给路线，并绘制在图 3-1 中。

（2）上表面整圆刀具进给路线。

1）根据所选刀具的特点，选择下刀点（A_2）位置，并标注在图 3-1 中。

2）确定刀具进给路线，并绘制在图 3-1 中。

（3）侧面 U 型槽刀具进给路线（以主视图的 U 型槽为例说明）。

1）根据所选刀具的特点，选择下刀点（A_3）位置，并标注在图 3-1 中。

2）确定刀具进给路线，并绘制在图 3-1 中。

注意，进给路线为刀心轨迹。

3. 计算基点坐标。

根据制定的刀具进给路线，计算刀路中各基点坐标，并填入表 3-11 中。

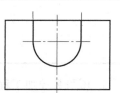
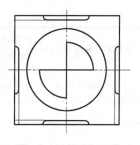

图 3-1　工件坐标系及刀具进给路线

表 3-11 基点坐标

节点	X 坐标值	Y 坐标值	Z 坐标值	节点	X 坐标值	Y 坐标值	Z 坐标值
1				7			
2				8			
3				9			
4				10			
5				11			
6				12			

4. 编写加工程序。

编写平面圆弧零件的加工程序，并对主要程序段进行注释（表 3-12）。注意，编程轨迹是刀心轨迹。

表 3-12 平面圆弧零件的加工程序

程序	程序

5. 填写数控加工程序单（表 3-13）。

表 3-13 数控加工程序单

数控加工程序单	产品名称		零件名称		共 页
	工序号		工序名称		第 页
序号	程序编号	工序内容	刀具	切削深度（相对最高点）	备注
		装夹示意图:		装夹说明:	
编程/日期			审核/日期		

总结反思

1. 当使用球头铣刀加工工件时，加工程序中的下刀深度是否与图样上标注的深度一致？为什么？应该怎么做？

2. 当刀具加工完一个区域，需要加工另一处不相连的区域时，如何控制刀具的移动，分别需要使用哪个指令进行移动？

3. 试分别说出 G02/G03 指令的两种格式的适用场合。

4. 在实施该任务过程中，你获得了哪些技能？

5. 当再次实施类似任务时，哪些方面应该做得更好，如何改进？

任务 3.3　平面圆弧零件的仿真加工

任务描述

使用宇龙数控加工仿真软件，将编制好的平面圆弧零件数控加工程序导入到数控系统中,通过图形显示功能检查程序运行轨迹,完成零件的仿真加工并测量尺寸。

任务目标

1. 掌握数控程序的导入方法。
2. 能够熟练使用图形显示功能检查程序运行轨迹。
3. 能够使用宇龙数控加工仿真软件的剖面图测量功能检验仿真结果。

引导问题

1. 如何向宇龙数控加工仿真软件中导入数控程序(表 3-14)?

表 3-14 数控程序的导入

步骤	操作内容及方法
1	
2	
3	
4	
5	

2. 如何使用图形显示功能检查运行轨迹(表 3-15)?

表 3-15 检查程序运行轨迹

步骤	操作内容及方法
1	
2	
3	
4	

3. 当运行程序加工时,怎样既能观察坐标变化、主轴转速、进给速度等信息,又能实时观察程序的执行步骤?

任务实施

使用宇龙数控加工仿真软件进行仿真加工,并完成以下操作步骤记录。

1. 仿真准备。
(1)选择机床类型:
(2)开机:

(3）回参考点：_____
(4）定义毛坯：
毛坯名称：_____，毛坯材料：_____
毛坯形状：_____，毛坯尺寸：_____
(5）装夹工件：
选择夹具：_____，工件在夹具中的移动：_____
(6）放置工件：_____
2. 对刀操作。
X/Y向对刀工具：_____，塞尺规格：_____
Z向对刀刀具：_____
当"塞尺检查：合适"时，读取的坐标值为：X_____，Y_____，Z_____
计算工件坐标系$X/Y/Z$坐标值分别为：X_____，Y_____，Z_____
3. 导入程序。
工作模式：_____，CRT界面切换按键：_____
操作步骤：_____
_____
4. 检查运行轨迹。
工作模式：_____，CRT界面切换按键：_____，运行程序按键：_____
5. 自动加工。
工作模式：_____，CRT界面切换按键：_____，运行程序按键：_____
6. 尺寸测量（表3-16）。

表3-16　仿真尺寸测量

序号	测量尺寸	测量平面	测量工具	测量方式	读数
1					
2					
3					
4					

总结反思

1. 使用球头铣刀进行Z向对刀的过程与面铣刀Z向对刀的过程有什么区别？为什么？

_____
_____
_____

2. 使用图形显示功能检查运行轨迹时，CRT屏幕上显示的是什么轨迹？通常在什么情况下会使用该功能？

3. 宇龙数控加工仿真软件的剖面图测量功能可以测量哪些尺寸参数？

4. 在实施该任务过程中，你获得了哪些技能？

5. 当再次实施类似任务时，哪些方面应该做得更好，如何改进？

项目评价（表3-17）

表3-17 检测评分表

姓名		班级			总得分	
学号		日期				
考核项目	序号	考核内容与要求	配分	评分标准	自评得分	教师评价
加工工艺（30%）	1	机械加工工序卡填写正确	16	每错1处扣2分		
	2	数控加工刀具卡填写正确	7	每错1处扣1分		
	3	数控加工程序单填写正确	7	每错1处扣1分		
加工程序（36%）	1	指令应用合理、得当、正确	12	每错1处扣2分		
	2	程序格式正确，符合工艺要求	24	每错1处扣2分		
仿真加工（26%）	1	仿真操作正确，程序校验正确	13	酌情扣1~13分		
	2	按时完成，仿真加工尺寸合格	13	缺陷1处扣1分		
职业素养与操作安全（8%）	1	6S及职业规范	8	酌情扣1~8分		
	2	安全文明生产（扣分制）	-5	无错不扣分		

巩固练习

1. 加工如图 3-2 所示 S 形槽零件,零件材料为铝合金。试编写该零件的数控加工程序,并在数控铣床上进行加工。

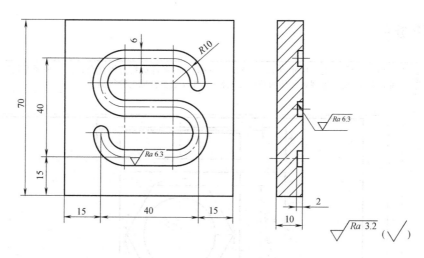

图 3-2　巩固练习零件 1

2. 加工如图 3-3 所示零件,零件材料为铝合金。试编写该零件的数控加工程序,并在数控铣床上进行加工。

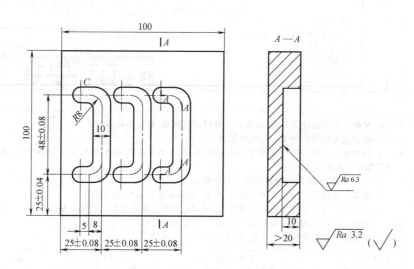

图 3-3　巩固练习零件 2

项目4 外轮廓零件的编程与加工

项目任务单

项目描述	如下图所示,毛坯尺寸为100mm×100mm×25mm,零件材料为铝合金,上、下平面及周边侧面已完成加工,要求编制该零件的数控加工程序,并在数控铣床上进行加工
项目载体	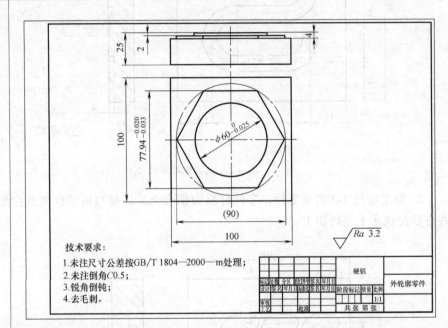
项目目标	1. 掌握立铣刀的使用方法,能够正确选择刀具规格、切削参数等 2. 能够正确编制外轮廓零件的铣削加工工艺 3. 熟练掌握刀具半径补偿指令 G40/G41/G42、极坐标指令 G15/G16 等指令的用法,能够编制外轮廓零件的数控加工程序 4. 掌握选择、删除程序等数控程序的管理方法 5. 能够在运行过程中根据需要暂停、停止、急停和单段运行数控程序 6. 能够正确设定刀具半径补偿参数,通过调整参数控制轮廓加工的尺寸精度 7. 能够正确使用测量工具检验零件尺寸,进行质量分析 8. 能够践行科技报国的爱国情怀,弘扬爱国奋斗精神

学习任务及学时分配	任务序号	任务名称	学时安排	备注
	任务 4.1	外轮廓零件的工艺制定	2 学时	
	任务 4.2	外轮廓零件的程序编制	6 学时	
	任务 4.3	外轮廓零件的仿真加工	2 学时	
	任务 4.4	外轮廓零件的实操加工	4 学时	

任务 4.1　外轮廓零件的工艺制定

任务描述

根据项目描述,明确零件的加工要求,编写外轮廓零件的加工工艺。

任务目标

1. 能够合理设计外轮廓零件铣削时的进退刀路线和残料清除方式,制定工艺方案,填写加工工序卡。
2. 能够正确选择立铣刀的切削参数,并填写刀具卡。

引导问题

1. 铣削零件外轮廓时常选用什么刀具?其有什么特点?

2. 加工外轮廓零件时采用顺铣还是逆铣?为什么?

3. 铣削外轮廓零件时,应该怎样设计进退刀路线?为什么?

4. 有哪些去除零件轮廓外部残料的方法,各有何特点(表 4-1)?

表 4-1　清除残料的方法

序号	方法	特点
1		
2		
3		
4		

任务实施

1. 分析零件图样。
   (1) 毛坯尺寸：_____
   (2) 毛坯材料：_____
   (3) 加工精度分析（表 4-2）：

表 4-2　加工精度分析

项目	序号	加工精度要求	加工方案
尺寸精度			
形状精度			
位置精度			
表面粗糙度			

2. 确定零件装夹方案。
   (1) 选择机床：_____
   (2) 选择夹具：_____
   (3) 定位基准：_____
   (4) 所需工具：_____
3. 确定加工工艺方案。
   (1) 加工阶段划分：_____

   (2) 加工工序划分原则：_____
   (3) 加工顺序安排（表 4-3）：

表 4-3　加工顺序

序号	加工部位	使用刀具	加工余量

4. 填写数控加工工序卡（表 4-4）。

表 4-4　数控加工工序卡

零件名称		数控加工工序卡		工序号		工序名称		共　页
								第　页
材料		毛坯状态		机床设备		夹具		

50

（续）

工步号	工步内容	刀具规格	刀具材料	量具	背吃刀量/mm	进给量/(mm/min)	主轴转速/(r/min)
编制		日期		审核		日期	

5. 填写数控加工刀具卡（表4-5）。

表4-5 数控加工刀具卡

零件名称			数控加工刀具卡			工序号		
工序名称			设备名称			设备型号		
工步号	刀具号	刀具名称	刀柄型号	刀具			补偿量/mm	备注
				直径/mm	刀长/mm	刀尖半径/mm		
编制		审核		批准		共　页	第　页	

总结反思

1. 使用立铣刀铣削零件轮廓时，如何选择下刀点和刀具进退刀路线？

2. 使用立铣刀粗、精铣零件外轮廓时，其背吃刀量与侧吃刀量如何选择？

3. 粗、精加工时，分别如何安排平面零件外轮廓的铣削顺序？

4. 在实施该任务过程中，你获得了哪些技能？

5. 当再次实施类似任务时，哪些方面应该做得更好，如何改进？

任务4.2　外轮廓零件的程序编制

任务描述

根据已制定好的外轮廓零件加工工艺，正确使用刀具半径补偿、极坐标等指令完成该零件的数控加工程序的编制。

任务目标

1. 掌握刀具半径补偿指令 G41/G42/G40、极坐标指令 G15/G16 的功能及使用方法。
2. 能够编制外轮廓零件的数控加工程序，掌握编程技巧。

引导问题

1. 当加工外轮廓零件时，是否可以按照零件轮廓编程？如何实现？

2. 说明 G41/G42 指令格式"G17 G41/G42 G01 X_Y_F_D_;"或"G17 G41/G42 G00 X_Y_D_;"中各参数的含义（表4-6）。

表 4-6　G41/G42 指令格式各参数的含义

序号	参数	含义
1	X、Y	
2	F	
3	D	

3. 使用刀具半径补偿指令时，如何判断使用 G41 指令还是 G42 指令（表 4-7）？

表 4-7　G41/G42 指令的选择

序号	指令	功能	判断方法
1	G41		
2	G42		

4. 刀具半径补偿指令的执行过程包含哪几个阶段？试简述各阶段执行过程（表 4-8）。

表 4-8　刀具半径补偿指令的执行过程

序号	刀补执行阶段	执行过程
1		
2		
3		

任务实施

1. 建立工件坐标系。

（1）根据零件图样特点及任务 4.1 制定的工艺方案将工件坐标系原点 O（0，0，0）设定在_____。

（2）在图 4-1 中画出工件坐标系原点及坐标轴。

2. 确定轮廓铣削进给路线。

（1）六方凸台刀具进给路线。

1）根据所选刀具的特点，选择下刀点（A_1）和切入点（B_1），并标注在图 4-1 中。

2）确定刀具进给路线，并绘制在图 4-1 中。

（2）圆形凸台刀具进给路线。

1）根据所选刀具的特点，选择下刀点（A_2）和切入点（B_2），并标注在图 4-1 中。

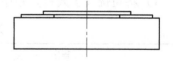

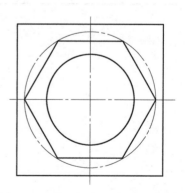

图 4-1　工件坐标系及刀具进给路线

2）确定刀具进给路线，并绘制在图 4-1 中。

3. 确定去除残料方式。

4. 计算基点坐标。

根据制定的刀具进给路线，计算刀路中各基点坐标，并填入表 4-9 中。

表 4-9 基点坐标

节点	X 坐标值	Y 坐标值	Z 坐标值	节点	X 坐标值	Y 坐标值	Z 坐标值
1				9			
2				10			
3				11			
4				12			
5				13			
6				14			
7				15			
8				16			

5. 编写加工程序。

选择合适的指令进行简化编程，并对主要程序段进行注释。如使用同一个加工程序，通过调整刀具半径补偿值进行粗、半精、精加工，则可仅编写轮廓加工程序，并注明每次使用的刀补值及粗、精加工的参数。

（1）六方凸台加工程序。

1）将粗铣（去残料）程序填在表 4-10 中。

表 4-10 六方凸台粗铣程序

程序	程序

2）将半精铣、精铣程序填在表 4-11 中。

表 4-11 六方凸台半精铣、精铣程序

程序	程序

（2）圆台加工程序（表 4-12）。

因为粗铣六方凸台后，圆形凸台外侧最大残料处剩余约 15mm 的切削余量，当所选刀具直径大于 16mm 时，只需编写轮廓加工程序，通过调整刀补值进行粗、半精、精加工即可。编写时注明每次使用的刀补值及粗、精加工的参数。

表 4-12 圆台的加工程序

程序	程序

6. 填写数控加工程序单（表 4-13）。

表 4-13　数控加工程序单

数控加工程序单		产品名称		零件名称		共　页
		工序号		工序名称		第　页
序号	程序编号	工序内容	刀具	切削深度（相对最高点）	备注	
装夹示意图：				装夹说明：		
编程/日期			审核/日期			

总结反思

1. 在使用 G41、G42、G40 指令时，需要注意哪些问题？

_____

_____

_____

2. 刀具半径补偿主要应用于哪些场合？

_____

_____

_____

3. 极坐标和直角坐标有什么区别？极坐标编程适合应用于哪些场合？

_____

_____

_____

4. 在实施该任务过程中，你获得了哪些技能？

5. 当再次实施类似任务时，哪些方面应该做得更好，如何改进？

任务4.3　外轮廓零件的仿真加工

任务描述

使用宇龙数控加工仿真软件，将编制好的外轮廓零件的数控加工程序导入到数控系统中，正确设置刀具半径补偿量，完成程序校验和零件的仿真加工。

任务目标

1. 掌握选择、删除程序等数控程序管理的操作方法。
2. 能够在运行过程中根据需要暂停、停止、急停和单段运行数控程序。
3. 能够正确设定刀具半径补偿参数，掌握使用刀具半径补偿进行粗、精加工的方法。

引导问题

1. 如何向数控系统中输入多个数控加工程序？

2. 加工零件时若需要运行两个以上程序，如何从一个程序切换到另一个程序？

3. 如何设置刀具半径补偿参数（表4-14)？

表 4-14 刀具半径补偿参数的设置

步骤	操作内容及方法
1	
2	
3	
4	

4. 如何使用自动单段运行？有什么作用？
_____
_____
_____
_____

任务实施

使用宇龙数控加工仿真软件进行仿真加工，并完成以下操作步骤记录。

1. 仿真准备。

（1）选择机床类型：_____

（2）开机：_____

（3）回参考点：_____

（4）定义毛坯：

毛坯名称：_____，毛坯材料：_____

毛坯形状：_____，毛坯尺寸：_____

（5）装夹工件：

选择夹具：_____，工件在夹具中的移动：_____

（6）放置工件：_____

2. 对刀操作。

X/Y 向对刀工具：_____，塞尺规格：_____

Z 向对刀刀具：_____

当"塞尺检查：合适"时，读取的坐标值为：X_____，Y_____，Z_____

计算工件坐标系 $X/Y/Z$ 坐标值分别为：X_____，Y_____，Z_____

3. 导入程序。

程序名：_____

操作步骤：_____

4. 仿真加工。

（1）粗铣六方凸台和圆形凸台。刀补值：_____

（2）半精铣六方凸台和圆形凸台。刀补值：_____

（3）精铣六方凸台和圆形凸台。刀补值：_____

各程序都在图形轨迹检查后，进行自动仿真加工。

5. 尺寸测量（表 4-15）。

表 4-15　仿真尺寸测量

序号	1	2	3	4	5
测量尺寸					
读数					

总结反思

1. 数控程序运行过程中执行暂停、停止或急停后，重新运行时有什么区别？

2. 在首次运行程序时可以通过哪些方式检查程序中可能存在的问题？

3. 你在仿真加工过程中出现过哪些错误报警，是如何解除的？

4. 在实施该任务过程中，你获得了哪些技能？

5. 当再次实施类似任务时，哪些方面应该做得更好，如何改进？

任务4.4 外轮廓零件的实操加工

任务描述

在数控铣床上正确装夹工件、安装刀具、对刀及输入加工程序，进行外轮廓零件的粗加工，并选择合适的量具进行尺寸测量，调整参数进行精加工，使零件达到图样要求。

任务目标

1. 能够通过调整刀具半径补偿参数控制轮廓加工的尺寸精度。
2. 能够正确使用测量工具检验零件尺寸，进行质量分析。

引导问题

1. 在平口虎钳中装夹各基准面已经加工的工件时，需要注意什么？应该如何操作？

2. 在加工过程中，如何根据实际情况调整主轴转速和进给速度？

3. 零件粗加工和精加工的目的分别是什么？

4. 如何设置刀具半径补偿值以保证零件的加工尺寸精度？

物品清单（表4-16~表4-18）

表4-16 刀具清单

序号	名称	规格	数量
1			
2			
3			
4			

表4-17 工具、量具清单

序号	名称	规格	数量
1			
2			
3			
4			
5			
6			
7			
8			
9			
10			

表4-18 安全防护用品清单

序号	名称	数量	备注
1			
2			
3			
4			

任务实施

使用数控铣床进行外轮廓零件的实操加工，并完成以下操作步骤记录。

1. 开机：＿＿＿＿＿＿＿＿＿＿＿＿＿＿＿＿＿＿＿＿＿＿＿＿＿＿＿＿

2. 回参考点：＿＿＿＿＿＿＿＿＿＿＿＿＿＿＿＿＿＿＿＿＿＿＿＿＿

3. 装夹工件。

（1）选择夹具：＿＿＿＿＿＿＿＿＿＿＿（2）定位基准：＿＿＿＿＿＿＿＿＿

（3）安装工具：＿＿＿＿＿＿＿＿＿＿＿＿＿＿＿＿＿＿＿＿＿＿＿＿

4. 装夹刀具。

(1) 选择刀具：_____ (2) 选择刀柄：_____
(3) 安装辅具：_____
5. 刀具在主轴上的安装。
(1) 工作模式：_____ (2) 换刀按键位置：_____
6. 对刀。
(1) 对刀方法：_____ (2) 对刀工具：_____
(3) 使刀具正转：_____

(4) 对刀操作并设定工件坐标系：_____
_____

(5) 工件坐标系 X/Y/Z 坐标值分别为：
_____

7. 检验对刀结果。
(1) 当检验 X、Y 方向时：
1) 检验用程序段：_____
2) 检验操作：_____
_____

(2) 当检验 Z 方向时：
1) 检验用程序段：_____
2) 检验操作：_____
_____

8. 输入加工程序。
(1) 工作模式：_____ (2) 程序名：_____
9. 粗加工。
(1) 刀具规格：_____ (2) 主轴转速：_____
(3) 进给速度：_____ (4) 刀具半径补偿值：_____
(5) 操作步骤：_____
_____

10. 测量工件主要尺寸。
(1) 测量工具：_____ (2) 测量数值：_____
(3) 计算精加工余量：_____
11. 精加工。
(1) 刀具规格：_____ (2) 主轴转速：_____
(3) 进给速度：_____ (4) 刀具半径补偿值：_____
12. 测量尺寸精度，并填入表 4-19 中。

表 4-19　零件自检表

零件名称				允许读数误差		±0.007mm			教师评价
序号	项目	尺寸要求	使用的量具	测量结果				项目判定	
				NO.1	NO.2	NO.3	平均值		
1	圆台直径	$\phi 60_{-0.025}^{0}$mm						合格　否	
2	六方凸台宽	$77.94_{-0.033}^{-0.020}$mm						合格　否	
3	圆台高	2mm						合格　否	
4	六方凸台高	4mm						合格　否	
5	表面粗糙度	$Ra3.2\mu m$						合格　否	
结论（对上述测量尺寸进行评价）			合格品		次品		废品		
处理意见									

总结反思

1. 当用试切法对刀时，会在工件表面留下切削痕迹，有没有什么办法可以避免？

2. 粗加工后，你是如何将工件轮廓尺寸逐步加工到符合图样要求的？

3. 如果加工后零件深度尺寸不合格，还存在加工余量，可以如何操作，使其达到图样要求？

4. 在实施该任务过程中，你获得了哪些技能？

5. 当再次实施类似任务时，哪些方面应该做得更好，如何改进？

_____

_____

_____

项目评价（表 4-20）

表 4-20 检测评分表

姓名					总得分	
学号			班级			
			日期			
考核项目	序号	考核内容与要求	配分	评分标准	自评得分	教师评价
加工工艺（12%）	1	机械加工工序卡填写正确	6	每错 1 处扣 1 分		
	2	数控加工刀具卡填写正确	3	每错 1 处扣 1 分		
	3	数控加工程序单填写正确	3	每错 1 处扣 1 分		
加工程序（15%）	1	指令应用合理、得当、正确	5	每错 1 处扣 1 分		
	2	程序格式正确，符合工艺要求	10	每错 1 处扣 1 分		
仿真加工（10%）	1	仿真操作正确，程序校验正确	5	酌情扣 1~5 分		
	2	按时完成，仿真加工尺寸合格	5	酌情扣 1~5 分		
实操加工（55%）	1	圆台直径 $\phi 60_{-0.025}^{0}$ mm	12	每超差 0.01mm 扣 1 分		
	2	六方台宽 $77.94_{-0.033}^{-0.020}$ mm	12	每超差 0.01mm 扣 1 分		
	3	圆台高 2mm	8	超差不得分		
	4	六方凸台高 4mm	8	超差不得分		
	5	表面粗糙度 $Ra3.2\mu m$	10	每降 1 级扣 2 分		
	6	按时完成，工件完整无缺陷（夹伤、过切等）	5	缺陷 1 处扣 1 分,未按时完成全扣		
职业素养与操作安全（8%）	1	6S 及职业规范	8	酌情扣 1~8 分		
	2	安全文明生产（扣分制）	-5	无错不扣分		

巩固练习

1. 加工如图 4-2 所示零件，零件材料为铝合金。试编写该零件的数控加工程序，并在数控铣床上进行加工。

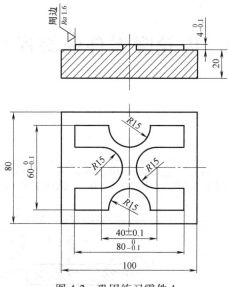

图 4-2 巩固练习零件 1

2. 加工如图 4-3 所示零件，零件材料为铝合金。试编写该零件的数控加工程序，并在数控铣床上进行加工。

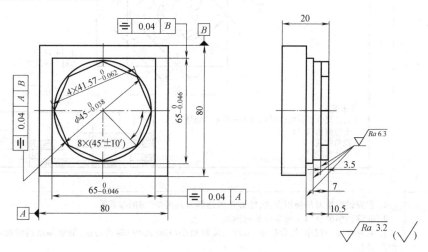

图 4-3 巩固练习零件 2

项目 5 内轮廓零件的编程与加工

项目任务单

项目描述	如下图所示,已知毛坯尺寸为 100mm×100mm×20mm,零件材料为铝合金,上、下平面及周边侧面已完成加工,要求编制该零件的数控加工程序,并在数控铣床上进行加工
项目载体	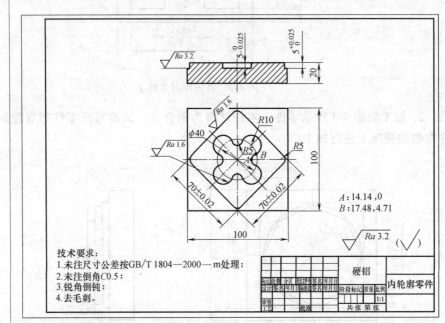
项目目标	1. 掌握键槽铣刀的使用方法,能够正确选择刀具规格、切削参数等 2. 能够正确编制内轮廓零件的铣削加工工艺 3. 熟练掌握子程序、镜像指令(G51)、旋转指令(G68、G69)等的用法,能够编制内轮廓零件的数控加工程序 4. 掌握多把刀分别对刀并设定工件坐标系的方法 5. 能够使用宇龙数控加工仿真软件导出数控程序和保存仿真项目 6. 掌握用寻边器和 Z 轴设定器进行对刀的操作方法 7. 能在数控铣床上完成内轮廓零件的自动加工及尺寸控制 8. 能够树立安全生产意识,维护生命财产安全

	任务序号	任务名称	学时安排	备注
学习任务及学时分配	任务 5.1	内轮廓零件的工艺制定	2 学时	
	任务 5.2	内轮廓零件的程序编制	8 学时	
	任务 5.3	内轮廓零件的仿真加工	2 学时	
	任务 5.4	内轮廓零件的实操加工	4 学时	

任务 5.1　内轮廓零件的工艺制定

任务描述
根据项目描述，明确零件加工要求，编写内轮廓零件的加工工艺。

任务目标
1. 能够合理设计内轮廓零件铣削时的下刀方式、进退刀路线等工艺路线，制定工艺方案，填写加工工序卡。
2. 能够正确选择内轮廓加工的刀具，选择合适的切削用量参数，填写刀具卡。

引导问题
1. 键槽铣刀和立铣刀在结构和功能上有哪些相似点和不同点（表 5-1）？

表 5-1　键槽铣刀和立铣刀的区别

	序号	项目	键槽铣刀	立铣刀
相似点	1	外形		
	2	切削刃分布		
	3	加工零件类型		
不同点	1	刀齿数量		
	2	端面切削刃特点		
	3	下刀位置选择		
	4	适用范围		

2. 在铣削型腔时，可采用哪些下刀方式（表 5-2）？

表 5-2　铣削型腔时的下刀方式

序号	下刀方式	适用范围	适用刀具
1			
2			
3			

3. 在铣削型腔时，有哪些进给路线方式（表 5-3）？

表 5-3　铣削型腔时的进给路线

序号	方式	优点	缺点
1			
2			
3			

任务实施

1. 分析零件图样。
  (1) 毛坯尺寸：_____
  (2) 毛坯材料：_____
  (3) 加工精度分析（表5-4）：

表5-4 加工精度分析

项目	序号	加工精度要求	加工方案
尺寸精度	1		
	2		
	3		
形状精度	1		
位置精度	1		
表面粗糙度	1		
	2		

2. 确定零件装夹方案。
  (1) 选择机床：_____
  (2) 选择夹具：_____
  (3) 定位基准：_____
  (4) 所需工具：_____
3. 确定加工工艺方案。
  (1) 加工阶段划分：_____
  _____
  (2) 加工工序划分原则：_____
  (3) 加工顺序安排（表5-5）：

表5-5 加工顺序

序号	加工部位	使用刀具	加工余量

4. 填写数控加工工序卡（表5-6）。

表5-6　数控加工工序卡

零件名称		数控加工工序卡		工序号		工序名称		共　页
								第　页
材料		毛坯状态		机床设备		夹具		

工步号	工步内容	刀具规格	刀具材料	量具	背吃刀量/mm	进给量/(mm/min)	主轴转速/(r/min)
编制		日期		审核		日期	

5. 填写数控加工刀具卡（表5-7）。

表5-7　数控加工刀具卡

零件名称		数控加工刀具卡			工序号		
工序名称		设备名称			设备型号		
工步号	刀具号	刀具名称	刀柄型号	刀具			补偿量/mm	备注
				直径/mm	刀长/mm	刀尖半径/mm		
编制		审核		批准		共　页	第　页

总结反思

1. 键槽铣刀和立铣刀相比,在确定切削用量时有什么不同?为什么?

2. 选择铣削内轮廓零件的刀具类型和规格时,需要考虑哪些问题?

3. 在确定封闭型腔类零件的下刀位置时,应注意哪些问题?如何选择下刀方式?

4. 在实施该任务过程中,你获得了哪些技能?

5. 当再次实施类似任务时,哪些方面应该做得更好,如何改进?

任务 5.2　内轮廓零件的程序编制

任务描述

根据已制定好的内轮廓零件加工工艺,正确使用子程序、可编程镜像指令和旋转编程指令等,合理简化编程,完成该零件的数控加工程序的编制。

任务目标

1. 掌握使用子程序、镜像指令（G51）和旋转指令（G68、G69）等简化编程的方法。
2. 能够根据加工工艺正确编制内轮廓零件的数控加工程序。

引导问题

1. 解释表 5-8 指令的功能。

表 5-8 常用代码的功能

序号	指令	功能
1	M98	
2	M99	
3	G50	
4	G51	
5	G50.1	
6	G51.1	
7	G68	
8	G69	

2. 解释表 5-9 中程序段的含义，并写出其完整写法。

表 5-9 调用子程序的格式

序号	程序段	含义	完整写法
1	M98 P50010;		
2	M98 P200;		

3. 根据表 5-10 中的要求，选择合适的指令写出相应程序段。

表 5-10 镜像和坐标旋转

序号	编程要求	程序段
1	以坐标点(0,0)为对称中心，进行镜像	
2	以 X 轴为对称轴，进行镜像	
3	以坐标点(10,10)为旋转中心，逆时针旋转 30°	

任务实施

1. 建立工件坐标系。

(1) 根据零件图样特点及任务 5.1 制定的工艺方案将工件坐标系原点 O (0, 0, 0) 设定在_____

_____

(2) 在图 5-1 中画出工件坐标系原点及坐标轴。

2. 确定轮廓铣削进给路线。

(1) 菱形凸台刀具进给路线。

1) 根据所选刀具的特点，选择下刀点 (A_1) 和切入点 (B_1)，并标注在图 5-1 中。

2) 确定刀具进给路线，并绘制在图 5-1 中。

(2) 梅花凹槽刀具进给路线。

1) 根据所选刀具的特点，选择下刀点 (A_2) 和切入点 (B_2)，并标注在图 5-1 中。

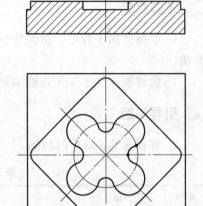

图 5-1 刀具进给路线

2) 确定刀具进给路线，并绘制在图 5-1 中。

3. 确定去除残料方式。

_____

_____

4. 计算基点坐标。

根据制定的刀具进给路线，计算刀路中各基点坐标，并填入表 5-11 中。

表 5-11 基点坐标

节点	X 坐标值	Y 坐标值	Z 坐标值	节点	X 坐标值	Y 坐标值	Z 坐标值
1				8			
2				9			
3				10			
4				11			
5				12			
6				13			
7				14			

5. 编写加工程序。

选择合适的指令进行简化编程，并对主要程序段进行注释。如使用同一个加工程序，通过调整刀具半径补偿值进行粗、半精、精加工，则可仅编写轮廓加工程序，并注明每次使用的刀补值及粗、精加工的参数。

(1) 菱形凸台加工程序 (表 5-12)。

因菱形凸台侧壁及其外侧底壁均有尺寸精度要求，即均需进行粗铣、半精铣和精铣，因此可将去除外部残料和轮廓铣削编制在同一个程序中。这样，每次修改刀补值和背吃刀量运行一次程序，可实现轮廓侧壁和底壁的同时粗、精加工。

表 5-12 菱形凸台的加工程序

程序	程序

（2）梅花凹槽加工程序（表 5-13）。

因梅花凹槽内部空间不大，选择合适直径的刀具，可实现在加工轮廓侧壁的同时将底壁完全铣削。因此，可只编写轮廓加工程序，通过控制刀具半径补偿值的方式实现粗、精加工。

表 5-13 梅花凹槽的加工程序

程序	程序

6. 填写数控加工程序单（表 5-14）。

表 5-14 数控加工程序单

数控加工程序单	产品名称		零件名称		共　页
	工序号		工序名称		第　页
序号	程序编号	工序内容	刀具	切削深度 （相对最高点）	备注

装夹示意图：

装夹说明：

编程/日期		审核/日期	

总结反思

1. 子程序有哪些方面的应用？

2. 在使用镜像指令编程加工时，顺、逆铣会有什么变化？

3. 在使用坐标系旋转指令编程时，需要注意哪些问题？

4. 在实施该任务过程中，你获得了哪些技能？

---

5. 当再次实施类似任务时，哪些方面应该做得更好，如何改进？

任务5.3　内轮廓零件的仿真加工

任务描述

使用宇龙数控加工仿真软件，将编制好的内轮廓零件加工程序导入到数控系统中，正确对刀并设定工件坐标系，完成程序校验和零件的仿真加工，并导出数控程序，保存项目文件。

任务目标

1. 掌握多把刀分别对刀并设定工件坐标系的方法。
2. 能够使用宇龙数控加工仿真软件导出数控程序和保存仿真项目。

引导问题

1. 怎样通过对刀设定两个或两个以上工件坐标系？

---

2. 在仿真加工过程中，如何更换刀具？

---

3. 怎样运行子程序进行加工？

_____
_____
_____

4. 如何将仿真验证正确的加工程序导出到计算机（表5-15）？

表5-15　数控程序的导出

步骤	操作内容及方法
1	
2	
3	

任务实施

使用宇龙数控加工仿真软件进行仿真加工，并完成以下操作步骤记录。

1. 仿真准备。
（1）选择机床类型：_____
（2）开机：_____
（3）回参考点：_____
（4）定义毛坯：
毛坯名称：_____，毛坯材料：_____
毛坯形状：_____，毛坯尺寸：_____
（5）装夹工件：
选择夹具：_____，零件在夹具中的移动：_____
（6）放置零件：_____

2. 对刀操作。
X/Y 向对刀工具：_____，塞尺规格：_____
Z 向对刀刀具：_____
设定工件坐标系：1号刀（G54）：X_____，Y_____，Z_____
　　　　　　　　2号刀（G55）：X_____，Y_____，Z_____

3. 导入程序。程序名：_____

4. 仿真加工。
（1）菱形凸台粗加工。刀补值：_____
（2）菱形凸台精加工。刀补值：_____
（3）梅花凹槽粗加工。刀补值：_____
（4）梅花凹槽精加工。刀补值：_____
各程序均需经图形轨迹检查后，进行自动仿真加工。

5. 尺寸测量（表 5-16）。

表 5-16 仿真尺寸测量

序号	1	2	3	4	5
测量尺寸					
读数					

总结反思

1. 在仿真加工过程中，需要换刀加工时，应该注意哪些问题？

2. 当工件原点位置确定后，使用不同半径及长度的刀具对该工件进行对刀，其对刀结果有什么相同之处和不同之处？

3. 试解释 POS 界面中的"相对坐标"、"绝对坐标"和"机械坐标"，并说明各有什么作用。

4. 在实施该任务过程中，你获得了哪些技能？

5. 当再次实施类似任务时，哪些方面应该做得更好，如何改进？

任务 5.4 内轮廓零件的实操加工

任务描述

在数控铣床上正确装夹工件、安装刀具，使用寻边器和 Z 轴设定器进行对刀，输入加工程序完成内轮廓零件的粗、精加工，并选择合适的量具测量尺寸，保证加工精度。

任务目标

1. 掌握用寻边器和 Z 轴设定器进行对刀的操作方法。
2. 进一步熟练数控铣床的独立操作技能。

引导问题

1. 你所了解的对刀工具和对刀方法有哪些，各有什么特点？

_____

_____

2. 在运行加工程序加工零件时，如何进行零件深度方向的粗、精加工？

_____

_____

_____

3. 测量内轮廓零件尺寸时，主要会用到哪些测量工具？

_____

_____

_____

物品清单（表 5-17 ~ 表 5-19）

表 5-17 刀具清单

序号	名称	规格	数量
1			
2			
3			
4			

表 5-18 工具、量具清单

序号	名称	规格	数量
1			
2			
3			
4			
5			
6			
7			
8			
9			
10			

表 5-19 安全防护用品清单

序号	名称	数量	备注
1			
2			
3			
4			

任务实施

使用数控铣床进行内轮廓零件的实操加工,并完成以下操作步骤记录。

1. 开机:＿＿＿＿＿＿＿＿＿＿＿＿＿＿＿＿＿＿＿＿
2. 回参考点:＿＿＿＿＿＿＿＿＿＿＿＿＿＿＿＿＿＿
3. 装夹工件。
(1) 选择夹具:＿＿＿＿＿＿＿ (2) 定位基准:＿＿＿＿＿＿＿
(3) 安装工具:＿＿＿＿＿＿＿
4. 安装刀具,为刀具选择合适的刀柄和安装辅具,并填入表 5-20 中。

表 5-20 安装刀具

序号	刀具	刀柄	安装辅具
1			
2			

5. X/Y 向对刀。
(1) 对刀方法:＿＿＿＿＿＿＿＿＿＿＿＿＿＿
(2) 对刀工具:＿＿＿＿＿＿＿＿＿＿＿＿＿＿

(3) 一侧归零,另一侧的 X/Y 坐标值读数分别为:_____
(4) 使用"测量"功能设定工件坐标系(G54/G55)X/Y 坐标值时,输入参数:_____
(5) 工件坐标系 X/Y 坐标值分别为:_____

6. 1 号刀 Z 向对刀。
(1) 对刀工具:_____
(2) 使用"测量"功能设定工件坐标系(G54)Z 坐标值时,输入参数:_____
(3) 工件坐标系(G54)Z 坐标值为:_____

7. 2 号刀 Z 向对刀。
(1) 对刀工具:_____
(2) 使用"测量"功能设定工件坐标系(G55)Z 坐标值时,输入的参数:_____
(3) 工件坐标系(G55)Z 坐标值为:_____

8. 检验对刀结果。
(1) 检验 X、Y 方向。检验用程序段:_____
(2) 检验 1、2 号刀 Z 方向。检验用程序段:_____

9. 输入加工程序。程序名:_____

10. 粗加工。
(1) 刀具规格:_____ (2) 主轴转速:_____
(3) 进给速度:_____ (4) 刀具半径补偿值:_____

11. 测量工件厚度尺寸。
(1) 测量工具:_____
(2) 测量数值:_____
(3) 计算精加工余量:_____

12. 精加工。
(1) 刀具规格:_____ (2) 主轴转速:_____
(3) 进给速度:_____ (4) 刀具半径补偿值:_____
(5) 背吃刀量:_____

13. 测量尺寸精度,并填入表 5-21 中。

表 5-21 零件自检表

零件名称					允许读数误差	±0.007mm		教师评价
序号	项目	尺寸要求	使用的量具	测量结果			项目判定	
				NO.1	NO.2	NO.3	平均值	
1	凸台长宽	70±0.02mm						合格 否	
2	凸台高度	$5^{+0.025}_{0}$ mm						合格 否	
3	凸台圆角	R5						合格 否	

(续)

零件名称					允许读数误差		±0.007mm		教师评价
序号	项目	尺寸要求	使用的量具	测量结果			项目判定		
				NO.1	NO.2	NO.3	平均值		
4	凸台表面粗糙度	$Ra1.6\mu m$						合格 否	
5	凹槽深度	$5_{-0.025}^{0}$mm						合格 否	
6	凹槽圆角	$R10$						合格 否	
7	凹槽圆角	$R5$						合格 否	
8	凹槽表面粗糙度	$Ra1.6\mu m$						合格 否	
结论(对上述测量尺寸进行评价)				合格品		次品		废品	
处理意见									

总结反思

1. 在使用寻边器对刀时，需要注意哪些问题？

2. 在铣削内轮廓时，为避免切屑堆积影响刀具寿命和加工质量，可采取哪些措施？

3. 当零件底壁和侧壁都需要精加工时，如何安排加工顺序？怎样操作？

4. 在实施该任务过程中，你获得了哪些技能？

5. 当再次实施类似任务时，哪些方面应该做得更好，如何改进？

项目评价（表 5-22）

表 5-22 检测评分表

姓名			班级			总得分	
学号			日期				
考核项目	序号	考核内容与要求		配分	评分标准	自评得分	教师评价
加工工艺（12%）	1	机械加工工序卡填写正确		6	每错1处扣1分		
	2	数控加工刀具卡填写正确		3	每错1处扣1分		
	3	数控加工程序单填写正确		3	每错1处扣1分		
加工程序（15%）	1	指令应用合理、得当、正确		5	每错1处扣1分		
	2	程序格式正确，符合工艺要求		10	每错1处扣1分		
仿真加工（10%）	1	仿真操作正确，程序校验正确		5	酌情扣1~5分		
	2	按时完成，仿真加工尺寸合格		5	酌情扣1~5分		
实操加工（55%）	菱形凸台加工	1	长和宽 70±0.02mm	8	每超差0.01mm扣1分		
		2	高度 $5_{0}^{+0.025}$ mm	8	每超差0.01mm扣1分		
		3	圆角 R5	5	超差不得分		
		4	周边表面粗糙度 Ra1.6μm	6	每降一级扣1分		
	梅花凹槽加工	1	深度 $5_{-0.025}^{0}$ mm	8	超差不得分		
		2	圆角 R10	5	超差不得分		
		3	圆角 R5	5	每超差0.01mm扣1分		
		4	周边表面粗糙度 Ra1.6μm	5	每降1级扣1分		
	残料清角	1	按时完成，工件完整无缺陷（夹伤、过切等）	5	缺陷1处扣1分,未按时完成全扣		
职业素养与操作安全（8%）	1	6S及职业规范		8	酌情扣1~8分		
	2	安全文明生产（扣分制）		-5	无错不扣分		

巩固练习

加工如图 5-2~图 5-5 所示零件，零件材料为铝合金。试分析零件的加工工艺，填写工艺文件，编写数控加工程序，并在数控铣床上进行加工。

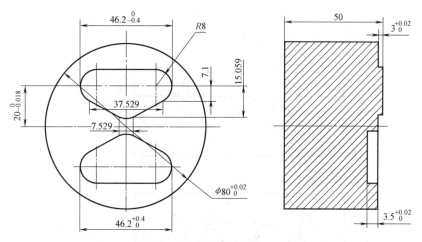

图 5-2 巩固练习零件 1

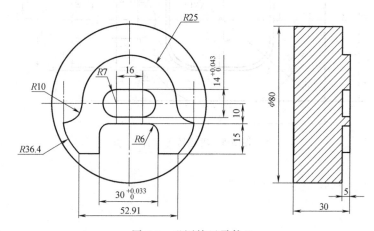

图 5-3 巩固练习零件 2

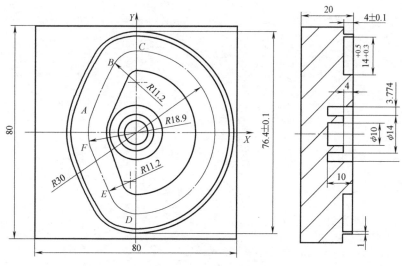

图 5-4 巩固练习零件 3

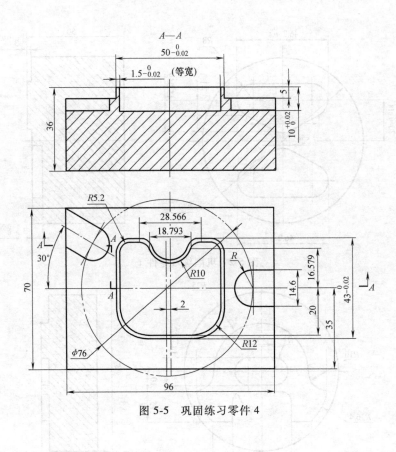

图 5-5 巩固练习零件 4

项目6 孔类零件的编程与加工

项目任务单

项目描述	如下图所示,已知毛坯尺寸为70mm×70mm×26mm,零件材料为铝合金,上、下平面及周边侧面已完成加工,要求编制该零件的数控加工程序,并在数控铣床上进行加工
项目载体	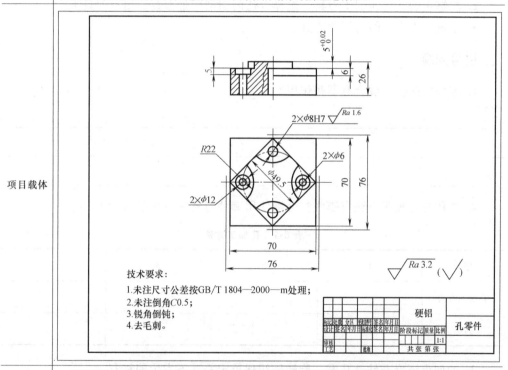
项目目标	1. 掌握常用孔加工刀具的使用方法,能够正确选择刀具类型、切削参数等 2. 能够正确编制孔类零件的铣削加工工艺 3. 熟练掌握常用孔加工固定循环指令 G73/G81/G82/G83/G80、刀具长度补偿指令 G41/G42/G40、返回参考点指令 G28 和换刀指令 M06 等指令的用法,能够编制孔类零件的数控加工程序 4. 掌握在立式加工中心的刀库中装刀和取刀的方法 5. 掌握使用加工中心对刀并设置刀具长度补偿的方法 6. 能够使用立式加工中心进行孔类零件的自动加工,并达到相关精度要求 7. 能够选择合适的量具正确测量工件中孔的尺寸 8. 能够树立诚实守信的职业道德,形成良好的职业素养

学习任务及学时分配	任务序号	任务名称	学时安排	备注
	任务 6.1	孔类零件的工艺制定	2学时	
	任务 6.2	孔类零件的程序编制	6学时	
	任务 6.3	孔类零件的仿真加工	2学时	
	任务 6.4	孔类零件的实操加工	6学时	

任务 6.1　孔类零件的工艺制定

任务描述

根据项目描述，明确零件的加工要求，编写孔类零件的加工工艺。

任务目标

1. 能够合理规划孔加工的工艺路线，制定工艺方案，填写加工工序卡。
2. 能够正确选择孔加工刀具，选择合适的切削用量参数，填写刀具卡。
3. 了解加工中心的功能和特点。

引导问题

1. 零件中的孔一般会有哪些作用？

___

___

2. 常用的孔加工方法有哪些？分别使用哪种刀具进行加工（表6-1）？

表 6-1　孔加工方法

序号	1	2	3	4
孔加工方法				
刀具				

3. 如何保证麻花钻钻孔时，旋转轴线保持定心，不发生偏移？

___

___

___

4. 数控铣削加工顺序中为什么要先面后孔？

___

___

5. 加工中心和数控铣床有什么区别？

_____

_____

任务实施

1. 分析零件图样。

（1）毛坯尺寸：_____

（2）毛坯材料：_____

（3）加工精度分析（表 6-2）：

表 6-2　加工精度分析

项目	序号	加工精度要求	加工方案
尺寸精度	1		
	2		
形状精度	1		
位置精度	1		
表面粗糙度	1		

2. 确定零件装夹方案。

（1）选择机床：_____

（2）选择夹具：_____

（3）定位基准：_____

（4）所需工具：_____

3. 确定加工工艺方案。

（1）加工阶段划分：_____

_____

（2）加工工序划分原则：_____

（3）加工顺序安排（表 6-3）：

表 6-3　加工顺序

序号	加工部位	使用刀具	加工余量

4. 填写数控加工工序卡（表 6-4）。

表 6-4 数控加工工序卡

零件名称		数控加工工序卡	工序号		工序名称		共 页
							第 页
材料		毛坯状态		机床设备		夹具	

工步号	工步内容	刀具规格	刀具材料	量具	背吃刀量/mm	进给量/(mm/min)	主轴转速/(r/min)
编制		日期		审核		日期	

5. 填写数控加工刀具卡（表 6-5）。

表 6-5 数控加工刀具卡

零件名称			数控加工刀具卡			工序号		
工序名称			设备名称			设备型号		
工步号	刀具号	刀具名称	刀柄型号	刀具			补偿量/mm	备注
				直径/mm	刀长/mm	刀尖半径/mm		
编制		审核		批准			共 页	第 页

总结反思

1. 你所知道的孔加工方式，分别可以达到什么精度？各适用于什么场合？

2. 在使用麻花钻钻孔时，如何处理钻头部位对有效孔深的影响？

3. 孔系加工的加工路线如何确定？

4. 在实施该任务过程中，你获得了哪些技能？

5. 当再次实施类似任务时，哪些方面应该做得更好，如何改进？

任务6.2　孔类零件的程序编制

任务描述

根据已制定好的孔类零件加工工艺，选择合适的孔加工固定循环指令，正确使用长度补偿指令、返回参考点指令和换刀指令等指令，完成该零件在加工中心上加工的数控加工程序的编制。

任务目标

1. 掌握常用孔加工固定循环指令 G73/G81/G82/G83/G80 的功能及使用方法。
2. 掌握刀具长度补偿指令 G41/G42/G40 的功能及使用方法。
3. 掌握使用返回参考点指令 G28 和换刀指令 M06 编制换刀程序的方法。
4. 能够根据加工工艺，选择合适的孔加工指令正确编制孔类零件的数控加工程序。

引导问题

1. 孔加工时，钻一个孔通常需要经过哪几步动作？

2. 说明孔加工固定循环指令格式"（G90/G91）（G98/G99）G73~G89 X_ Y_ Z_ R_ Q_ P_ F_ L_;"中主要参数的含义（表6-6）。

表6-6 孔加工固定循环指令格式中主要参数的含义

序号	指令	功能
1	X、Y	
2	Z	
3	R	
4	Q	
5	P	

3. 说明 G43/G44 指令格式"G17 G43/G44 G01 Z_F_H_;"或"G17 G43/G44 G00 Z_H_;"中各参数的含义（表6-7）。

表6-7 G43/G44 指令格式中各参数的含义

序号	参数	含义
1	Z	
2	F	
3	H	

4. 在使用加工中心时，如何通过程序实现自动换刀？

任务实施

1. 建立工件坐标系。

（1）根据零件图样特点及任务6.1制定的工艺方案将工件坐标系原点 O（0, 0, 0）

设定在_____

（2）在图6-1中画出工件坐标系原点及坐标轴。

2. 确定轮廓铣削进给路线。

（1）四方凸台刀具进给路线。

1）根据所选刀具的特点，选择下刀点（A_1）和切入点（B_1），并标注在图6-1中。

2）确定刀具进给路线，并绘制在图6-1中。

（2）圆弧凸台刀具进给路线。

1）根据所选刀具的特点，选择下刀点（A_2）和切入点（B_2），并标注在图6-1中。

2）确定刀具进给路线，并绘制在图6-1中。

3. 确定孔加工顺序，并标注在图6-1中。

4. 确定去除残料的方式。

_____

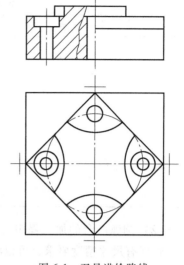

图6-1　刀具进给路线

5. 计算基点坐标。

根据制定的刀具进给路线，计算刀路中各基点坐标，并填入表6-8中。

表6-8　基点坐标

节点	X坐标值	Y坐标值	Z坐标值	节点	X坐标值	Y坐标值	Z坐标值
1				15			
2				16			
3				17			
4				18			
5				19			
6				20			
7				21			
8				22			
9				23			
10				24			
11				25			
12				26			
13				27			
14				28			

6. 编写加工程序。

选择合适的指令进行简化编程，对主要程序段进行注释，并注明粗、精加工的参数。

(1) 四方凸台的加工程序（表6-9）。

表6-9 四方凸台的加工程序

程序	程序

(2) 圆弧凸台的加工程序（表6-10）。

底壁有尺寸精度要求，可以将去除外部残料和轮廓铣削编制在同一个程序中，通过修改背吃刀量，实现底壁的粗铣和精铣。

表6-10 圆弧凸台的加工程序

程序	程序

(3) 预钻中心孔的程序（表6-11）。

表6-11 预钻中心孔的程序

程序	程序

（4）钻 $\phi6$ 孔的程序（表 6-12）。

表 6-12　钻 $\phi6$ 孔的程序

程序	程序

（5）铣 $\phi12$ 台阶孔的程序（表 6-13）。

表 6-13　铣 $\phi12$ 台阶孔的程序

程序	程序

（6）钻 $\phi8$ 底孔的程序（表 6-14）。

表 6-14　钻 $\phi8$ 底孔的程序

程序	程序

（7）铰 φ8 孔的程序（表 6-15）。

表 6-15 铰 φ8 孔的程序

程序	程序

7. 填写数控加工程序单（表 6-16）。

表 6-16 数控加工程序单

数控加工程序单	产品名称		零件名称		共 页
	工序号		工序名称		第 页
序号	程序编号	工序内容	刀具	切削深度（相对最高点）	备注
装夹示意图：				装夹说明：	
编程/日期			审核/日期		

总结反思

1. 在使用孔加工固定循环指令时，G98 和 G99 分别适合在什么情况下使用？

2. 钻孔循环指令（G81）和深孔钻削循环指令（G83）的工作过程有什么不同？分别适用于什么场合？

3. 试简述使用多把刀加工时，刀具长度补偿的使用方法。

4. 在实施该任务过程中，你获得了哪些技能？

5. 当再次实施类似任务时，哪些方面应该做得更好，如何改进？

任务6.3 孔类零件的仿真加工

任务描述

使用宇龙数控加工仿真软件，选择 FANUC 系统的立式加工中心，将编制好的孔类零件加工程序导入到数控系统中，在刀库中正确安装刀具并对刀，设置刀具长度补偿，完成程序校验和零件的仿真加工。

任务目标

1. 掌握在仿真软件加工中心刀库和主轴上安装刀具、选择刀具的方法。

2. 掌握使用加工中心对刀并设置刀具长度补偿的方法。
3. 能够正确使用仿真软件加工中心进行程序校验和仿真加工。

引导问题

1. 实施本次仿真任务需要在仿真软件中选择哪一个机床？

_____
_____
_____

2. 如何将刀具安装到仿真软件加工中心的刀库里？

_____
_____
_____

3. 如何将仿真软件加工中心刀库的刀具安装到主轴上？

_____
_____
_____

4. 如何在数控系统中设置刀具长度补偿？

_____
_____
_____

任务实施

使用宇龙数控加工仿真软件进行仿真加工，并完成以下操作步骤记录。

1. 仿真准备。
 (1) 选择机床类型：_____
 (2) 开机：_____
 (3) 回参考点：_____
 (4) 定义毛坯
 毛坯名称：_____，毛坯材料：_____
 毛坯形状：_____，毛坯尺寸：_____
 (5) 装夹零件并放置零件：
 选择夹具：_____，零件在夹具中的移动：_____

2. 对刀操作。

X/Y 向对刀工具：_____，塞尺规格：_____

工件坐标系 G54 中 X 值为：_____，Y 值为：_____

3. 在刀库和主轴上安装刀具，将刀具的主要参数填入表 6-17 中。

表 6-17 选择刀具

刀位号	刀具名称	刀具类型	刀具直径 /mm	长度补偿号	长度补偿值 /mm

4. Z 向对刀（基准刀对刀）。

主轴上安装对刀刀具（基准刀）：_____；G54 中 Z 值为：_____

计算各刀具长度补偿值，输入到表 6-17 中。

5. 导入程序。

6. 程序校验及仿真加工。

总结反思

1. 加工中心和数控铣床在使用时有哪些区别？

_____

_____

_____

2. 简述在仿真软件加工中心上换刀的方法及步骤。

_____

_____

_____

3. 如果需要在零件上钻通孔，则装夹零件时需要注意哪些问题？

_____

_____

4. 在实施该任务过程中，你获得了哪些技能？

5. 当再次实施类似任务时，哪些方面应该做得更好，如何改进？

任务6.4 孔类零件的实操加工

任务描述

在立式加工中心上正确装夹工件、将刀具装入刀库和主轴，对刀并设置刀具长度补偿，输入加工程序，完成零件轮廓及孔的实操加工，并选择合适的量具测量轮廓及孔的尺寸，保证加工精度。

任务目标

1. 掌握在立式加工中心的刀库装刀和取刀的方法。
2. 能够使用立式加工中心进行孔类零件的自动加工，并达到相关精度要求。
3. 能够选择合适的量具正确测量工件中孔的尺寸。

引导问题

1. 实操时，如何将刀具装到加工中心刀库中？

2. 在使用加工中心时，刀具可以在任意位置换刀吗？为什么？

3. 如何保证在加工中心换刀时，刀具能停在正确的位置？

4. 装夹需要加工通孔的工件时,应该注意哪些问题?

5. 孔的测量方法有哪些?

物品清单(表 6-18～表 6-20)

表 6-18　刀具清单

序号	名称	规格	数量
1			
2			
3			
4			
5			
6			

表 6-19　工具、量具清单

序号	名称	规格	数量
1			
2			
3			
4			
5			
6			
7			
8			
9			
10			

表 6-20 安全防护用品清单

序号	名称	规格	数量
1			
2			
3			
4			

任务实施

使用立式加工中心进行孔类零件的实操加工，并完成以下操作步骤记录。

1. 开机：_____
2. 回参考点：_____
3. 装夹工件。
   （1）选择夹具：_____（2）定位基准：_____
   （3）安装工具：_____
4. X/Y 向对刀。
   （1）对刀方法：_____（2）对刀工具：_____
   （3）工件坐标系 X/Y 坐标值分别为：_____
5. 将刀具装入刀库。
6. 基准刀 Z 向对刀。
   （1）对刀工具：_____
   （2）工件坐标系 Z 坐标值为：_____
7. 检验对刀结果。
   （1）检验 X、Y 方向。检验用程序段：_____
   （2）检验 Z 方向。检验用程序段：_____
8. 测量其余刀具与基准刀的长度差，并设置刀具长度补偿（表 6-21）。

表 6-21 设置刀具长度补偿

刀具号	刀具规格	长度补偿号 H	长度补偿值

9. 输入加工程序。程序名：_____
10. 根据工艺卡中的工步顺序完成四方凸台、圆弧凸台和孔的加工。

11. 拆下工件，去毛刺。去毛刺工具：_____
12. 测量尺寸精度，并填入表 6-22 中。

表 6-22 零件自检表

零件名称				允许读数误差	±0.007mm			教师评价
序号	项目	尺寸要求	使用的量具	测量结果			项目判定	
				NO.1	NO.2	NO.3	平均值	
1	四方凸台高度	6mm						合格 否
2	四方凸台对角线长	70mm						合格 否
3	圆弧凸台高度	$5^{+0.02}_{0}$ mm						合格 否
4	圆弧半径	R22mm						合格 否
5	孔径	φ6mm						合格 否
6	台阶孔深	5mm						合格 否
7	孔径	φ12mm						合格 否
8	孔径	φ8H7mm						合格 否
9	孔表面粗糙度	Ra1.6μm						合格 否
结论（对上述测量尺寸进行评价）				合格品		次品	废品	
处理意见								

总结反思

1. 简述实操时在加工中心刀库中装刀和取刀的操作过程。

_____

_____

2. 实操时，如何在加工中心上进行 Z 向对刀，并设置刀具长度补偿？

_____

_____

3. 如果没有机外对刀仪辅助测量刀具长度，如何利用加工中心对刀操作计算各刀具与标准刀具的长度差？

_____

_____

4. 在实施该任务过程中，你获得了哪些技能？

5. 当再次实施类似任务时，哪些方面应该做得更好，如何改进？

项目评价（表 6-23）

表 6-23 检测评分表

姓名			班级			总得分	
学号			日期				
考核项目		序号	考核内容与要求	配分	评分标准	自评得分	教师评价
加工工艺（12%）		1	机械加工工序卡填写正确	6	每错1处扣1分		
		2	数控加工刀具卡填写正确	3	每错1处扣1分		
		3	数控加工程序单填写正确	3	每错1处扣1分		
加工程序（15%）		1	指令应用合理、得当、正确	5	每错1处扣1分		
		2	程序格式正确，符合工艺要求	10	每错1处扣1分		
仿真加工（10%）		1	仿真操作正确，程序校验正确	5	酌情扣1~5分		
		2	按时完成，仿真加工尺寸合格	5	酌情扣1~5分		
实操加工（55%）	菱形凸台加工	1	高度6mm	5	超差不得分		
		2	对角线长度70mm	5	超差不得分		
	圆弧凸台	1	高度 $5_{0}^{+0.02}$ mm	8	每超差0.01mm扣2分		
		2	圆弧半径 $R22$mm	5	超差不得分		
	台阶孔	1	孔径 $\phi6$mm	5	超差不得分		
		2	台阶孔深5mm	5	超差不得分		
		3	台阶孔径 $\phi12$mm	5	超差不得分		
	销孔	1	孔径 $\phi8H7$mm	8	每超差0.01mm扣2分		
		2	表面粗糙度 $Ra1.6\mu m$	4	每降1级扣1分		
	残料清角	1	按时完成，工件完整无缺陷（夹伤、过切等）	5	缺陷1处扣1分，未按时完成全扣		
职业素养与操作安全(8%)		1	6S及职业规范	8	酌情扣1~8分		
		2	安全文明生产（扣分制）	-5	无错不扣分		

巩固练习

加工如图 6-2 和图 6-3 所示零件，零件材料为铝合金。试分析零件的加工工艺，填写工艺文件，编写数控加工程序，并在数控铣床上进行加工。

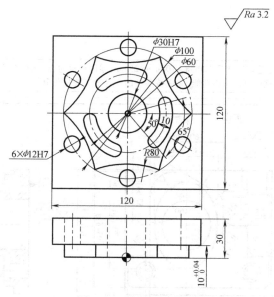

图 6-2 巩固练习零件 1

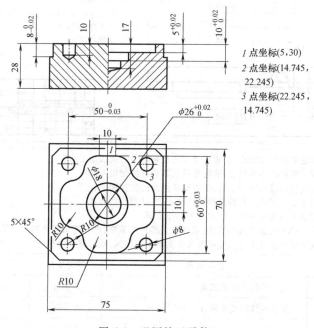

图 6-3 巩固练习零件 2

项目7 复杂零件的编程与仿真

项目任务单

项目描述	如下图所示,已知毛坯尺寸为120mm×100mm×25mm,零件材料为铝合金,要求分别使用宏程序编程和CAXA制造工程师软件自动编程功能,完成该零件的数控加工程序编制
项目载体	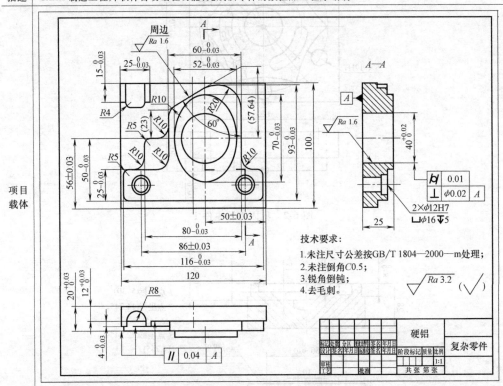
项目目标	1. 熟悉曲面轮廓的加工方法,能够正确编制复杂零件的铣削加工工艺 2. 熟悉宏程序编程的基本概念,掌握变量及其运算的使用方法 3. 能够正确使用转移和循环语句,编制简单曲面的数控加工程序 4. 掌握使用CAXA制造工程师软件线架构建、实体造型的方法 5. 掌握数控加工自动编程的一般方法和操作步骤 6. 能够使用CAXA制造工程师软件,选择合适的加工策略,进行复杂零件的自动编程 7. 能够形成细致严谨的工作态度和求真务实的工作作风,践行精益求精的大国工匠精神

学习任务及学时分配	任务序号	任务名称	学时安排	备注
	任务7.1	复杂零件的工艺制定	2学时	
	任务7.2	复杂零件的变量编程	6学时	
	任务7.3	复杂零件的自动编程	6学时	

任务 7.1　复杂零件的工艺制定

任务描述
根据项目描述，明确零件加工要求，编制复杂零件的加工工艺。

任务目标
1. 能够合理规划复杂零件的工艺路线，制定工艺方案，填写加工工序卡。
2. 能够正确选择曲面加工刀具，选择合适的切削用量参数，填写刀具卡。

引导问题
1. 曲面加工可以采用哪些刀具？

2. 在使用球头铣刀加工曲面时，刀具与加工表面是什么接触形式？

3. 一般采用什么走刀方法加工曲面？对曲面加工精度有什么影响？

4. 当零件上需要铣削加工的内容比较多时，如何安排加工顺序？

5. 两轴半联动和三坐标轴联动的区别是什么？

🌀 **任务实施**

1. 分析零件图样。

(1) 毛坯尺寸：_____

(2) 毛坯材料：_____

(3) 加工精度分析（表 7-1）：

表 7-1 加工精度分析

项目	序号	加工精度要求	加工方案
尺寸精度	1		
	2		
	3		
	4		
	5		
	6		
	7		
	8		
	9		
	10		
	11		
	12		
	13		
	14		
	15		
	16		
	17		
	18		
形状精度	1		
位置精度	1		
	2		
表面粗糙度	1		
	2		

2. 确定零件装夹方案。

(1) 选择机床：_____

(2) 选择夹具：_____

(3) 定位基准：_____
(4) 所需工具：_____
3. 确定加工工艺方案。
(1) 加工阶段划分：_____
_____
(2) 加工工序划分原则：_____
(3) 加工顺序安排（表 7-2）：

表 7-2　加工顺序

序号	加工部位	使用刀具	加工余量
1			
2			
3			
4			

4. 填写数控加工工序卡（表 7-3）。

表 7-3　数控加工工序卡

零件名称		数控加工工序卡		工序号		工序名称		共　页
材料		毛坯状态		机床设备		夹具		第　页

工步号	工步内容	刀具规格	刀具材料	量具	背吃刀量 /mm	进给量 /(mm/min)	主轴转速 /(r/min)
编制		日期		审核		日期	

5. 填写数控加工刀具卡（表 7-4）。

表 7-4 数控加工刀具卡

零件名称				数控加工刀具卡				工序号	
工序名称				设备名称				设备型号	
工步号	刀具号	刀具名称	刀柄型号	刀具			补偿量 /mm	备注
				直径 /mm	刀长 /mm	刀尖半径 /mm		
编制		审核		批准			共 页	第 页

总结反思

1. 曲面加工可以采用哪些加工方法？

2. 如何安排曲面的走刀路线？曲面的加工精度跟哪些因素有关？

3. 若工件加工后发现在拐角处有过切现象，可能是由哪些原因造成的？

4. 在实施该任务过程中,你获得了哪些技能?

5. 当再次实施类似任务时,哪些方面应该做得更好,如何改进?

任务 7.2　复杂零件的变量编程

任务描述

根据已制定好的复杂零件加工工艺,正确使用用户宏程序指令,完成该零件椭圆凸台外轮廓和 $R8$ 圆柱面内轮廓的数控加工程序的编制。

任务目标

1. 了解宏程序编程的基本概念。
2. 熟悉变量及变量的表示、引用和赋值方法。
3. 掌握变量之间的算数和逻辑运算的格式及使用方法。
4. 能够正确使用转移和循环语句。
5. 掌握宏程序的编写方法,能够正确编制简单曲面的数控加工程序。

引导问题

1. 什么是变量?如何表示?

2. 变量有哪些赋值方法?

3. 试解释下列控制语句的含义(表7-5)。

表 7-5 控制语句的含义

序号	控制语句	含义
1	GOTO 1000;	
2	IF [#1 GT #100] GOTO 1000;	
3	IF [#100 EQ #200] THEN #300=0;	
4	WHILE [#1 GE #2] DO1; … END1;	

4. 说明以下各条件表达式的含义（表 7-6）。

表 7-6 条件表达式的含义

条件	含义	条件	含义
EQ		GE	
NE		LT	
GT		LE	

任务实施

使用宏程序编制椭圆凸台外轮廓和 $R8$ 圆柱面内轮廓的数控加工程序。

1. 建立工件坐标系。

（1）根据零件图样特点及任务 7.1 制定的工艺方案将工件坐标系原点 O（0，0，0）设定在 _____

（2）在图 7-1 中画出工件坐标系原点及坐标轴。

（3）铣削椭圆部分，为方便编程，怎样确定编程中心：_____

（4）铣削 $R8$ 圆柱面，为方便编程，怎样确定编程中心：_____

2. 确定进给路线。

（1）椭圆凸台刀具进给路线。

1）根据所选刀具的特点，选择下刀点（A_1）和切入点（B_1），并标注在图 7-1 中。

2）确定刀具进给路线，并绘制在图 7-1 中。

（2）$R8$ 圆柱面刀具进给路线。

1）根据所选刀具的特点，选择下刀点（A_2）和切入点（B_2），并标注在图 7-1 中。

2）确定刀具进给路线，并绘制在图 7-1 中。

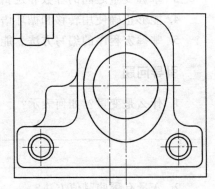
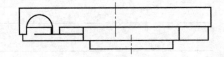

图 7-1 刀具进给路线

3. 曲线变量分析表。

使用参数方程加工椭圆,进行变量分析,填写表 7-7 和表 7-8,并在图 7-1 中标注主要变量位置。

表 7-7 椭圆曲线变量分析表

序号	变量选择	变量表示	变量赋值/变量运算
1			
2			
3			
4			
5			
6			
7			
8			

表 7-8 $R8$ 圆柱面变量分析表

序号	变量选择	变量表示	变量赋值/变量运算
1			
2			
3			
4			

4. 编写加工程序。

(1) 椭圆台分 5 层加工,编写椭圆台的精加工程序,并对主要程序段进行注释(表 7-9)。

表 7-9 椭圆台精铣程序

加工程序	加工程序

（2）R8 圆柱面步距设为 0.2，编写 R8 圆柱面的精加工程序，对主要程序段进行注释（表 7-10）。

表 7-10　R8 圆柱面精铣程序

加工程序	加工程序

5. 填写数控加工程序单（表 7-11）。

表 7-11　数控加工程序单

数控加工程序单	产品名称		零件名称		共　页
	工序号		工序名称		第　页
序号	程序编号	工序内容	刀具	切削深度（相对最高点）	备注
装夹示意图：			装夹说明：		
编程/日期		审核/日期			

总结反思

1. 试简述用户宏程序和普通程序的区别。

2. 宏程序中各变量的运算需要注意哪些问题?

_____

_____

3. 在实际编程加工时,宏程序有哪些作用?适合哪些表面的编程?

_____

_____

4. 在实施该任务过程中,你获得了哪些技能?

_____

_____

5. 当再次实施类似任务时,哪些方面应该做得更好,如何改进?

_____

_____

任务7.3　复杂零件的自动编程

 任务描述

根据已制定好的复杂零件加工工艺,使用 CAXA 制造工程师 2020 软件,进行零件的实体造型,建立毛坯、坐标系,选择合适的加工方式,生成加工轨迹并仿真检验,最后生成 G 代码,完成自动编程。

任务目标

1. 熟悉 CAXA 制造工程师软件的界面,掌握软件的基本操作方法。
2. 掌握曲线生成、编辑的功能和应用,能够正确进行线架构建。
3. 掌握草图绘制和编辑、特征实体的生成和编辑等方法,能够正确进行实体造型。
4. 掌握数控加工自动编程的一般方法和操作步骤。
5. 能够选择合适的加工方式,生成加工轨迹,进行仿真检验,并生成 G 代码。

引导问题

1. 与手工编程相比，自动编程有什么优点？适合在什么情况下使用？

_____

_____

_____

2. 在绘制草图时，如何通过空间曲线得到所需的草图轮廓？

_____

_____

_____

3. 在自动编程选择加工轮廓曲线时，如何通过三维实体得到所需空间曲线？

_____

_____

_____

4. 在自动编程时新建立的坐标系，是指什么坐标系？

_____

_____

5. CAXA 制造工程师 2020 软件提供了哪些加工方法（策略）？请说出至少五个。

_____

_____

_____

任务实施

1. 零件实体造型。

绘图平面：_____；绘图坐标原点位于零件的：_____

使用的草图绘制和编辑命令：_____

使用的特征生成和编辑命令：_____

2. 建立毛坯。

毛坯类型：_____；建立毛坯的方法：_____

3. 建立坐标系。

新坐标系原点坐标：_____

4. 生成加工轨迹。

根据任务 7.1 制定的加工工艺，为每一个工步选择合适的加工策略，设置刀具参数，并在表 7-12 中记录主要参数。注意，每一个加工轨迹都要进行仿真检验。

表 7-12　加工策略的选择

工步	加工策略	刀具参数	其他主要参数

5. 生成 G 代码。选择数控系统：＿＿＿＿＿＿

6. 填写数控加工程序单（表 7-13）。

表 7-13　数控加工程序单

数控加工程序单		产品名称		零件名称		共　页
		工序号		工序名称		第　页
序号	程序编号	工序内容	刀具	切削深度（相对最高点）	备注	

	装夹示意图：		装夹说明：
编程/日期		审核/日期	

总结反思

1. 简述使用 CAXA 制造工程师软件进行自动编程的一般操作步骤。

2. 若发现对刀所确定的工件坐标系与 CAXA 软件中设置的不一致，怎么解决？

3. 如何利用 CAXA 软件来控制零件的尺寸加工精度？

4. 在实施该任务过程中，你获得了哪些技能？

5. 当再次实施类似任务时，哪些方面应该做得更好，如何改进？

项目评价（表 7-14）

表 7-14 检测评分表

姓名			班级		总得分	
学号			日期			
考核项目	序号	考核内容与要求	配分	评分标准	自评得分	教师评价
加工工艺（24%）	1	机械加工工序卡填写正确	12	每错 1 处扣 1 分		
	2	数控加工刀具卡填写正确	6	每错 1 处扣 1 分		
	3	数控加工程序单填写正确	6	每错 1 处扣 1 分		
宏程序编程（30%）	1	指令应用合理、得当、正确	10	每错 1 处扣 2 分		
	2	程序格式正确，符合工艺要求	20	每错 1 处扣 2 分		
自动编程（38%）	1	软件操作正确、熟练	3	酌情扣 1~3 分		
	2	实体造型正确	8	每错 1 处扣 2 分		
	3	毛坯设置正确	2	不正确不得分		
	4	坐标系设置正确	2	不正确不得分		
	5	加工策略选择合适，参数填写正确，加工轨迹合理	15	每错 1 处扣 1 分		
	6	仿真检验正确	5	不正确不得分		
	7	正确生成 G 代码	3	不正确不得分		
职业素养与操作安全（8%）	1	6S 及职业规范	8	酌情扣 1~8 分		
	2	安全文明生产（扣分制）	-5	无错不扣分		

巩固练习

加工如图 7-2 和图 7-3 所示零件，零件材料为铝合金。试分析零件的加工工艺，填写工艺文件，编写数控加工程序，并在数控铣床上进行加工。

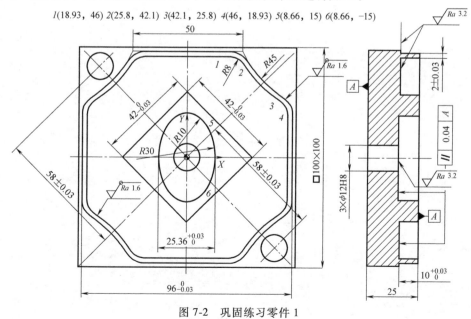

图 7-2 巩固练习零件 1

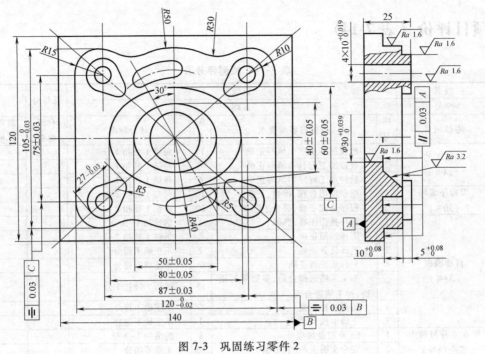

图 7-3 巩固练习零件 2